바이오 클러스터 구축전략

이 연구는 한림과학원(2000-15-1)의 지원에 의해 이루어졌습니다.

한림과학원총서 112

바이오 클러스터 구축전략

변용환 · 김중화 지음

小花

한림과학원총서 112

바이오 클러스터 구축전략

초판인쇄 | 2006년 5월 8일
초판발행 | 2006년 5월 15일

지은이 | 변용환 · 김중화
발행인 | 고화숙
발행처 | 도서출판 소화
등 록 | 제13-412호
주 소 | 서울시 영등포구 영등포동 94-97
전 화 | 2677-5890(代)
팩 스 | 2636-6393
홈페이지 www.sowha.com

ISBN 89-8410-300-4
ISBN 89-8410-104-4(세트)

값 1,3000원

머리말

21세기는 바이오의 시대라고 한다. 21세기가 깊어갈수록 바이오 산업은 국가경제를 좌우할 만큼 중요한 역할을 할 것으로 보인다. 따라서 대부분의 선진국들에서는 바이오 산업을 국가의 전략산업으로 규정하여 육성하고 있다. 그리고 그 육성방식은 바이오 클러스터를 조성함으로써 바이오 비지니스 생태계를 만들어 주는 방법을 택하고 있다. 과거 중공업세대의 투입산출방식산업에서와는 달리 첨단지식산업인 경우 클러스터가 훨씬 효과적인 비즈니스 에코 시스템을 제공한다. 하이테크 바이오 산업도 마찬가지이다. 따라서 세계 도처에서 바이오 클러스터 구축 붐이 일어나고 있다. 우리나라도 전략산업으로서 각 지역별로 바이오 산업 육성을 위한 바이오 클러스터 구축작업을 하고 있다.

바이오 클러스터의 성공적인 구축을 위해서는 몇 가지 조건이 수반되어야 한다. (1) 집적시설 등의 하드웨어 인프라, (2) 고위험/장기 투자, (3) 생명공학의 지적 자본 축적, (4) 스타 기업의 탄생, (5) 혁신 구성원의 역량을 배가시키는 네트워크 시스템 (6) 지역의 벤처창업정신 등이 바이오 클러스터의 대표적인 성공조건이다. 이 중 '하드웨어 인프라'는 국내 지역에서 이미 상당 부분 갖추어져 있고 지역혁신계획 등 각종 발전계획에서 구체적으로 제시하고 있어 이 책에서는 다루지 않았다. '장기투자' 또한 정책 선택에 따라 단순히 결정될 수 있는 내용이므로 제외했다. '생명공학의 지적 자본'은 주어진 조건이기는 하나 바이오 지식의 상업화 가능성을 높이기 위한 여러 프로그램들을 이 책에서 간단히 소개했다.

이 책에서는 혁신 구성원의 노력에 따라 결과가 달라질 수 있는 '스타 기업 만들기', '네트워크 시스템', '지역의 벤처 창업정신' 등에 주안점을 두었다. '스타 기업 만들기'는 현재 전국적으로 유행하고 있는 스타 기업 만들기 열풍을 조사하여 바이오 클러스터 내의 스타 기업 만들기 정책을 수립하기 위한 기초 자료를 만들어 보았다. '네트워크 시스템'은 UCSD(University of California at San Diego) CONNECT의 개별 프로그램들을 집중적으로 살펴봄으로써 바이오 진흥지역의 개별 바이오 네트워크 개선과 허브 네트워크 설립을 위한 기초 자료로 사용될 수 있게 하였다. 바이오 벤처 기업들의 경영능력부족을 타개할 방안 중의 하나로서 '바이오 지주회사'도 아이디어 차원에서 제시해 보았다.

좋은 계획을 수립하기 위해서는 정책당국자가 우선 바이오 산업과 바이오 클러스터, 그리고 지역혁신에 대한 기초적인 지식을 충분히 갖고 있어야 한다. 따라서 이 책의 전반부는 '바이오 클러스터'라는 용어가 다소 생소한 정책담당자도 바이오 클러스터 구축에 관한 지식을 이론부터 현황까지 쉽게 이해할 수 있도록 지역혁신 및 클러스터에 대한 기본개념부터 바이오 산업의 동향에 이르기까지 전반적인 소개를 하였다. 가장 중점을 둔 부분은 소프트웨어 인프라를 통해 성공한 대표적 바이오 클러스터인 샌디에이고 바이오 클러스터에 대한 소개이다. 이곳에서 허브 네트워크 역할을 하고 있는 UCSD CONNECT의 자세한 프로그램 내용들을 기술하여 바이오 진흥지역 내 인큐베이터 및 네트워크 프로그램을 개선할 때 현실적 참고 자료가 될 수 있도록 하였다.

이 책의 후반부에서는 국내 바이오 산업의 현황을 문제점 위주로 분석, 평가해 보았다. 그리고 여러 문제점들을 해결하기 위한 대안으로서, (1) 국내 바이오 산업 지역혁신계획의 현실화, (2) 스타 기업 만들기, (3) 총체적 지원 시스템을 갖추기 위한 허브 네트워크 설립, (4) 바이오 벤처들의 취약한 경영부문을 맡을 수 있는 바이오 지주회사 설립 등을 소개했다. 이 대안들에서는 정책검토 초기단계에서 사용할 수 있는 자료가 소개되어 있다.

이 책에서는 국내 바이오 진흥구역의 클러스터 구축에서 소프트웨어적인 측면에 집중하여 이에 대한 해결책을 소개하는 데 집중했다. 세계적으로 유명한 바이오 클러스터의 상당수가 소프트웨어적 지원 시스템으로 성공했다. 하드웨어적 접근방식으로는 성공요인의 극히 일부분만을 채울 수 있을 뿐이다. 소프트웨어 인프라를 바탕으로 한 국내 각 지역별 바이오 클러스터의 발전을 기대해 본다.

2005년 4월

변용환 · 김중화

차례

1장 21세기는 바이오 산업의 시대

2장 바이오 클러스터와 지역혁신 시스템

3장 바이오 산업과 클러스터

7장 스타 기업 육성을 통한 바이오 클러스터 발전

8장 바이오 허브 네트워크(Hub-Network)의 구축

9장 바이오 지주회사의 설립

1장 21세기는 바이오 산업의 시대

1. 바이오 산업의 개념과 특성

1) 바이오 산업의 성격

(1) 바이오 산업과 생명공학기술

바이오 산업(Bioindustry)은 "생물체가 가지는 유전, 번식, 성장, 자기 제어 및 물질대사 등의 기능과 정보를 생명공학기술(Biotechnology)을 이용하여 인류에게 필요한 유용물질과 서비스로 재가공/생산하는 고부가가치산업"이라고 할 수 있다. 궁극적으로 바이오 산업은 생명공학기술을 기반으로 하여 인류의 보건, 식량, 환경 등의 문제를 해결하고자 하는 응용과학분야에 그 바탕을 두고 있다고 할 수 있다.

바이오 산업은 생물학, 의학, 화학, 약학, 농축산학, 해양수산학, 생물공학, 환경공학, 의공학 등 다양한 분야를 배경 학문으로 하고 있으며 최근에는 IT기술이 BT기술개발을 돕게 되자 정보통신학도 배경학문으로 등장하고 있다.

기술적으로는 신약개발, 대량생산 및 분리정제, 품종개량, 생물학적 오염처리, 수자원개발, 전자치료, 바이오 센서, 인공장기, 천연물합성 및 구조분석, 유전체 응용 등 개발분야가 다양해지고 있다. 바이오 산업의 기술적 기반이 되는 생명공학기술은 전통적인 발효, 육종기술뿐만 아니라 유전자 재조합기술, 세포융합, 최근 각광받고 있는 바이오 칩에 이르기까지 생물체를 대상으로 적용하는 도구의 개념으로서, DNA구조 규명과 유전자 재조합기술의 개발이 획기적인 발전의 촉매가 되면서 퓨전화된 전방위적인 기술개발이 이루어지고 있다(안두현 · 김석관 2000).

(2) 가속적으로 확산되는 바이오 산업의 범위

바이오 산업은 타 산업과는 달리 제품별 분류가 아닌 기반기술의 발전 및 이의 적용 대상에 따라 구분된다. 바이오 산업은 응용분야에 따라 생물의약, 생물화학, 농업, 식품, 환경, 에너지, 해양 등으로 다양하게 분류된다.

〈표 1-1〉 바이오 산업의 범위

분야	범위
생물의약	바이오 의약품(재조합호르몬, 항암제, 성장인자류, 면역조절제), 백신, 유전자 치료 등
생물화학	산업용 효소, 생분해성 고분자, 생활화학용품 등
농업/식품	유전자 조작 농산물, 형질 전환 동물, 기능성 식품, 발효식품 등
환경	생물학적 환경처리(Bioremediation), 환경 정화용 미생물제, 환경 모니터링 등
에너지/자원	대체에너지(연료용 에탄올, 바이오 가스) 등
해양	해양생물자원 및 배양, 각종 신소재 등

그런데 생명공학기술이 가속도로 발전하고, 응용분야가 다양해지고 있으며 이종(異種)기술과의 융합이 가능하기 때문에 응용분야는 더욱 확대될 전망이다.

2) 바이오 산업의 발전과정

(1) DNA구조 해명으로 인한 1차 바이오 혁명

① DNA의 이중나선구조의 규명

과거에 생명공학기술은 발효 및 육종기술을 바탕으로 포도주, 빵 등을 만드는 데 이용되던 전통적 기술이었다. 현대에 와서 비약적인 자연과학의 발달에 기인한 자연현상에 대한 이해증가와 왓슨(J. Watson)과 크릭(F. Crick)에 의한 DNA의 이중나선구조의 규명(1953년)은 생명현상의 이해에 획기적인 전기를 마련하여 현대적 생명공학기술 역사의 기초가 되었다.

② 유전자 재조합기술과 세포융합기술

1970년대 후반, 유전자 재조합기술과 세포융합기술의 발달로 바이오 산업의 현대적 기반이 확립되었으며 재조합 단백질(인슐린)의 등장과 함께 과학적 근거에 의해 바이오 산업이 본격적으로 발달하기 시작했다.

③ 바이오 산업의 영역확대

유전자 재조합기술의 발달을 바탕으로 1980년대를 지나면서 성장호르몬, EPO(Erythropoietin) 등 많은 재조합 바이오 의약품들이 개발되었다. 또한 의약, 식품, 농업분야뿐만 아니라 환경, 에너지, 해양 등의 영역에서도 생명공학기술의 적용으로 새로운 개념의 제품 및 신기술이 등장했다.

(2) 인간 유전자지도의 발견으로 인한 2차 바이오 혁명

① 인간 게놈 프로젝트

1990년에 시작된 인간 게놈 프로젝트(Human Genome Project)의 영향으로 유전자 정보해석 분야의 경쟁이 치열해졌으며, 최근의 추세는 분석기기 및 컴퓨터, 정보기술의 발달 등으로 대표되는 IT(정보통신기술)와 BT(생명공학기술)의 융합이다.

② 생물정보학 등 신분야 태동

융합분야의 급속한 대두는 생물정보학(Bioinformatics), 유전체학(Genomics), 단백질체(Proteomics), 바이오 칩(Bio Chips) 등 신분야를 탄생시켰다.

③ 기능 및 비교유전체학의 활발한 연구

2000년대에 들어서는 유전자 구조연구를 바탕으로 유전자의 기능을 규명하는 기능 유전체학(Functional Genomics)과 개인간 유전자 정보 비교를 통해 생체 내 기능 차이를 규명하는 비교유전체학(Comparative Genomics)에 대한 연구가 활발할 것으로 예상된다. 또한 인간 게놈 연구의 1차 완성 결과(2001. 2), 인간의 유전자 수는 3만여 개로 추정되었다. 이는 향후 연구의 중심이 유전자의 다기능성 규명과 유전자 발현, 즉 단백질에 대한 연구로 옮겨 갈 것임을 시사하고 있다.

④ 최대수혜자는 신약개발기업

혁명적인 바이오 기술의 탄생으로 인한 최대의 수혜자는 신약을 개발하는 제약기업이 될 것이다. 그동안의 유전자 기능연구를 바탕으로 바이오 의약품, 맞춤의약, 암, AIDS와 같은 난치병의 정복, 유전자 치료를 통한 유전적 난치병의 정복 등 지금과는 차원이 다른 새로운 산업으로의 도약이 예상된다.

시기	내용	분야
전통바이오 (BC~20C 초)	효모, 박테리아 등을 이용한 가공식품 (빵, 치즈, 맥주, 식초, 요구르트, 김치 등)	→ 식품, 농업 ↓
근대바이오 (20C 후반)	53년 DNA의 구조(이중나선) 해명 78년 최초로 세균 유전자구조 변경 82년 유전자 재조합 의약품(인슐린) 판매 97년 포유동물 체세포 복제 성공	→ 의약, 농축산 식품, 환경, 에너지, 공정 ↓
신바이오 (21C)	2000년 인간 유전자지도 초안 완료 2002년 인간 유전자구조 완전 해독 유전자 기능연구 본격 시작 포스트게놈시대의 개막	→ 생명, 불치병, 노화

[그림1-1] 바이오 산업의 혁명적 변화

3) 바이오 산업의 일반적 특징

(1) 기술, 지식 집약적 고부가가치산업

① 신기술 의존성

바이오 산업은 기술, 지식 집약적으로 핵심특허 및 신기술 의존도가 높은 고부가가치산업으로 21세기 산업 성장을 주도할 분야로 주목을 받고 있다.

② 21세기 산업의 핵심

바이오 기술은 의약, 화학, 환경, 식품, 에너지, 농업, 해양 등 많은 산업부문의 기반기술로 자리잡아 21세기 산업에서 핵심적 역할을 할 것이다.

③ 이종기술과의 융합으로 산업다양화

바이오 산업은 이종기술(IT와 BT)의 융합이 이뤄지는 집적화 산업으로 발전할 것이 예상된다. 화학, 기계, 전자, 전산, 소재기술을 통한 하드웨어 및 소프트웨어, 소모품, 서비스와 생명공학기술과의 다양한 결합이 가능하다.

④ 특허로 인한 시장선점효과

완성품에서의 핵심기술 및 특허의 비중이 높아 시장선점의 효과가 크다. 따라서 IT산업에서와는 달리 아이디어를 모방하는 전략은 통하지 않는다.

⑤ 산학협동의 중요성

학술연구의 결과가 산업화에 기여하는 정도가 매우 크며, 기초기술 의존도가 높아 산학연의 협력체제 및 데이터의 체계적 관리가 요구되는 분야다.

⑥ 글로벌 기업과 기술 중심의 중소기업 공존

자금력과 특허로 무장하여 기득권 유지를 하려는 글로벌 독과점기업과 독자기술개발을 통해 틈새시장을 공략하는 중소기업의 공존이 가능하다. 또한 중소기업은 원천물질 내지는 분야별 응용기술의 공급 등을 통해 세계적 대기업과 협력관계 설정이 가능하다.

(2) 성장속도가 가장 빠른 첨단산업

① 초기 성장단계

이미 성숙단계에 들어선 반도체/컴퓨터 등의 산업에 비해 바이오 산업은 초기 성장단계에 있으며, 21세기 국가경쟁력을 좌우할 첨단산업 중 가장 높은 성장이 예상되는 급속 성장 첨단산업이다. 산업성숙도에서 볼 때 아직 초기단계이며 풀어야 할 난제가 많기 때문에 후발국이 따라잡을 수 있는 분야다. 한국도 국가적 지원을 바탕으로 바이오 산업에 전력투구할 만하다. 미국 DRI(Decision Resources Inc.)는 1995~2005년 산업별 전망에서 바이오 산업의 경우 연평균 22.1%의 성장을 전망했다. 타 산업은 모두 10% 미만의 성장이 예측되었다. 다음은 바이오 산업에 대한 DRI의 예상이다.

- 산업 사이클: 1970년대 도입기에서 초기 성장기로 진입중
- 예상 성장률: GDP 성장률의 최소 3배 이상
- 제품개발단계: 기초 Concept의 상용화, 제품화 시작
- 경쟁자 수: 시장 진입자 최근 크게 확대되기 시작
- 진입장벽: 점차 증가

〈표 1-2〉 산업별 성장률(1995~2005)

구분	항공기	자동차	마이크로 전자	신소재	메카트로닉스	반도체	바이오
성장률(%)	1.4	3.5	5.6	6.9	9.1	9.4	22.1

자료: DRI(Decision Resources Inc.)

② 국책사업으로 선정 필요

장기간/대규모/고위험 성격의 투자로 인하여 정부차원의 지원 및 투자가 요구되며 투자회수기간이 긴 산업이다. 따라서 미국과 일본은 바이오 산업을 21세기 국책산업으로 정하여 각종 지원책을 마련하고 있다.

③ 무한한 성장잠재력

세계 인구의 증가, 노령화로 인한 장기 환자 증가, 사회복지 및 의료 서비스 등에 대한 요구 증가로 성장잠재력은 무한하다.

(3) 바이오(BT) 산업과 정보통신(IT)산업의 비교

정보통신산업은 20세기 후반에 비약적인 발전을 하였으며 21세기에도 중요한 역할을 할 첨단산업이다. 바이오 산업 역시 정보통신산업과 함께

21세기를 대표할 첨단산업이다. 두 산업이 모두 첨단 벤처 조직에 적절하고 신기술이 산업발전의 엔진을 담당하고 있다는 점에서는 동일하나 다른 점도 많다. 첫째, 정보통신산업은 성장기에 돌입한 반면 바이오 산업은 이제 초기단계에 진입했다. 둘째, 정보통신산업은 각 기술별 수명주기가 짧은 반면 바이오 산업은 기술 또는 제품별 수명주기가 길다. 셋째, 바이오 산업은 사업 프로젝트의 성과가 나타나는 기간이 정보통신산업보다 길다. 넷째, 바이오 산업의 기술진입장벽이 훨씬 높다. 다섯째, 바이오 산업은 윤리도덕적인 문제에 결부될 가능성이 높다.

〈표 1-3〉 바이오 산업과 인터넷 산업 비교

구분	내용
공통점	• 21세기를 대표하는 2가지 축의 성장산업 • 막대한 초기 투자가 필요하나 일정 궤도진입 후에는 투자가 상대적으로 줄어드는 '수확체증의 법칙' 이 적용 • 선점자의 이익이 절대적 • 선도기업을 중심으로 뭉쳐서 독과점상태가 됨 • 사업영역이 넓어 동맹과 M&A가 필수적 • 기술과 아이디어만으로만 존재하는 소규모 회사가 가능 • 벤처 조직에 적합한 사업내용
차이점	• 라이프 사이클 상의 위치 - 인터넷 산업은 성장기에 돌입 - 바이오 산업은 이제 산업화 초기단계 • 라이프 사이클상의 성숙속도 - 인터넷은 라이프 사이클이 짧아서 2010년 이내에 성장속도가 둔화될 전망 • 기술속도 및 난이도 - 기술발전속도 및 보편화는 상대적으로 인터넷이 빠르고 기술적 난이도는 바이오 쪽이 높아 바이오 산업의 진입장벽이 훨씬 높음 • 윤리 및 법규문제 - 바이오 산업은 법규에 아주 민감하여 확실한 기술 또는 대비책이 마련되지 않으면 사업화에 어려움이 있음

2. 세계의 바이오 시장 추세

1) 21세기 최고 성장산업인 바이오 산업

(1) 최고의 성장산업

전세계의 바이오(생물) 시장규모는 이미 상당한 수준에 도달했으나 향후 더욱 가속적으로 그 시장규모가 증대할 것으로 보인다. 언스트 앤 영(Ernst & Young)에 의하면 2002년 바이오 산업분야 세계 공개기업(Public Company)의 매출(Revenues)은 414억 달러 규모에 달했다. 시장비율은 미국 73%, 유럽 20%, 캐나다 4%, 아시아/태평양 3%로서 미국과 유럽에 집중되었다. 이 중 아시아 시장 3% 가운데 일본이 2.3% 정도이다. 한국의 바이오 시장은 이제 성장이 시작되었다. 세계 바이오 시장은 아직까지 단연 미국이 주류를 이루고 있고 향후 상당기간도 그러할 것으로 예상된다.

(2) 시장규모의 급팽창

〈표 1-4〉 2002년도 바이오 산업 세계 시장 현황

(단위: 백만 달러, 명)

구분	내용	세계 종합	국가별 현황			
			미국	유럽	캐나다	아시아/태평양
공개기업 자료	매출	41,369	30,266	8,262	1,466	1,375
	기술개발비	22,012	16,272	4,989	555	197
	순 손실	12,483	9,378	2,763	263	79
	종업원 수	193,753	142,900	33,304	7,785	9,764

자료: Ernst & Young LLP, Beyond Borders: The Global Biotechnology Report, 2003년 7월

바이오 산업의 세계 시장규모는 1992년 100억 달러였으나 2000년 540억 달러에 달했고 2010년에는 1,540억 달러 규모로 전망되는 등 급팽창하고 있다. 연평균 증가율은 11% 정도로 IT시장과 함께 가장 급속하게 팽창하는 시장이다.

〈표 1-5〉 바이오 산업 세계 시장 전망

(단위: 백만 달러, %)

세계 시장규모			연평균 증가율		
2000	2005	2010	2000~2005	2005~2010	2000~2010
54,000	91,000	154,000	11.00	11.10	11.05

자료: 산업연구원 전망, 1999년

주: OECD, Biotechnology and Trade, 1997 등 참조

(3) 응용분야별 바이오 시장의 급속한 확대

응용분야별로도 바이오 시장이 급속히 확대될 전망이다. 바이오 산업 중에서 가장 비중이 큰 분야인 바이오 의약분야는 2000년 324억 달러에서

〈표 1-6〉 세계 바이오 시장의 규모 예측

(단위: 억 달러, %)

분야별	2000	2003	2008	2013	연평균증가율 (2000~2013)
생물의약	324	444	688	1,155	19.7
생물화학	38	52	100	168	26.3
생물환경	32	44	87	147	27.6
바이오 식품	27	37	75	126	28.2
바이오 에너지 · 자원	11	15	37	63	36.4
생물농업 · 해양	27	37	75	126	28.2
생물공정 · 측정 시스템	81	111	188	315	22.2
계	540	740	1,250	2,100	26.9

자료: OECD, Biotechnology & Trade, 1997 등

2013년 1,155억 달러로 증가하여 연평균 증가율이 약 20%에 달할 것으로 보고 있다. 기타 바이오 산업의 증가율은 더 가속화될 전망이어서 2013년까지 바이오 시장 전체의 연평균 증가율은 26.9%에 달할 전망이다.

(4) 미국의 세계 바이오 산업 주도

세계의 바이오 산업은 단연 미국이 주도하고 있다. 2002년 전세계 바이오 산업의 매출은 348억 달러인데 그중 미국의 기업들이 253억 달러를 차지하여 상장기업별 매출규모의 70% 이상을 미국 기업이 차지하고 있다. 기업체의 수에서도 전세계에 상장되어 있는 바이오 기업 수는 622개인데 미국이 342개를 차지하여 55%이다. 기술개발비 또한 전세계의 지출액이 164억 달러인데 미국이 115억 달러로서 70%를 차지하고 있다. 고용인력 또한 세계가 18만 8,000명인데 미국이 14만 1,000명으로 75%를 차지하고 있다. 미국은 20세기 후반에 정보통신산업으로 세계 산업계를 지배한 이후 21세기에는 바이오 산업으로 평정하고 있다.

〈표 1-7〉 바이오 기업의 국가별 비교

	세계	미국	유럽	캐나다	아시아/태평양
상장기업 수	622(100%)	342 (55%)	104(17%)	85(13%)	91(15%)
비상장기업 수	3,662(100%)	1,115(30%)	1,775(49%)	331(9%)	441(12%)
기업 수 총계	4,284 (100%)	1,457(34%)	1,879(44%)	416(9%)	532(13%)
수익 및 투자					
수익(억 달러)	348(100%)	253(73%)	75(21%)	10(3%)	10(3%)
기술개발비 지출(억 달러)	164(100%)	115(70%)	42(26%)	5(3%)	2(1%)
고용인력(명)	188,703 (100%)	141,000 (75%)	34,180 (18%)	7,005 (4%)	6,518 (3%)

자료: Ernst & Young, Beyond Borders The Global Biotechnology Report 2002, 2002

2) 바이오 산업분야 확대 및 패러다임 변화

(1) 바이오 산업의 범위 확대

바이오 산업 응용범위는 의약 및 식품 중심에서 농업 · 전자 · 환경 · 화학분야 등으로 확대되고 있다. 생물정보 및 지식의 중요성이 강조되는 생물공학기술은 새로운 바이오 산업의 영역을 열어 가고 있다(안두현과 김석관 2000).

(2) 포스트게놈(Post-Genome) 시대의 개막

2001년 2월 인간 유전체 프로젝트(HGP) 및 미국 셀레라(Celera)사에 의해 발표된 인간 유전체 지도 완성으로 포스트게놈시대가 개막되었다. 포스트게놈시대의 신기술은 상상을 초월할 만큼 빨리 발전하고 있다. 이에 따라 기능성 유전체(Functional Genomics), 단백질체(Proteomics), 생물정보학(Bioinformatics), 대사공학(Metabolic Engineering) 등이 중요한 바이오 산업의 기초학문으로 등장하고 있다. 또한 유전자정보를 활용하여 유전자치료 등 보건의료분야, 유전자변형 작물 등 농업분야, 인공효소의 화학분야 응용 등 다양한 분야에 산업진작효과를 높일 수 있을 것으로 기대된다.

(3) BIT시대의 개막

① IT산업과 BT산업의 융합

정보기술(IT, 이하 IT로)과 생명공학기술(BT, 이하 BT로)이 융합한 신바이오 산업이 태동되고 있다. IT를 기반으로 BT를 결합하여 생명현상 중심의 생체 콘텐츠를 개발 · 공유 · 서비스하기 위한 생체핵심 및 첨단응용기술 BIT(생물정보기술)에 대한 관심이 고조되고 있다.

② 생물정보학(Bioinformatics)

생물정보학(Bioinformatics)은 생물물질의 광범위한 제반정보를 컴퓨터 기술을 이용하여 체계적으로 정리, 분석, 활용하려는 유전자 · 단백질 등의 유전정보 및 관련 DB 구축분야인 생물정보학(Bioinformatics)이 새로운 산업 학문영역으로 떠오르고 있다.

③ 생물전자공학(Bioelectronics)

BT와 IT를 융합하여 유리 · 실리콘 등으로 된 작은 기판 위에 DNA · 단백질 등의 생물분자(Biomolecule)들을 집적시킨 바이오 칩, 원하는 물질의 양을 탐색하는 바이오 센서를 연구개발하는 학문이다. 이 분야인 생물전자공학 또한 새 산업학문분야로 떠오르고 있다.

3) 스타 기업과 블록버스터로 대표되는 바이오 산업의 추세

(1) 스타 기업이 이끄는 바이오 산업

무명 중소기업이었던 마이크로소프트가 IT산업에서의 스타 기업이 되면서 정보통신산업을 혁명적으로 발전시킨 것과 같이 바이오 산업에서도 스타 기업이 생겨나면서 바이오 산업의 패러다임에 큰 변화를 일으키고 있다. 미국 샌디에이고 UCSD(Univ. of California at San Diego, 캘리포니아대학교 샌디에이고 캠퍼스)에 재직하던 무명의 번도프(Birndorf) 교수가 면역억제제개발을 목적으로 1977년 창업한 하이브리테크(Hybritech)는 1986년에 엘리 릴리(Eli Lilly)에 5억 달러에 성공적으로 매각되어 샌디에이고 지역에 폭발적인 바이오 벤처 설립 붐을 선도했다. 또한 하이브리테크사에서 분사된 기업만도 45개에 달해 샌디에이고 바이오 클러스터 형성에 결정적 기여를 하였다. 미국 암젠(Amgen)은 빈혈치료제인 Epogen, 항암보조제인 Neupogen,

관절염치료제인 Enbrel 등 블록버스터(Blockbuster)가 되는 약품을 개발하면서 2002년 55억 2,300만 달러 수입, 16억 6,200만 달러 순이익을 올리는 바이오 산업 최고의 암젠의 성공사례(Amgen Story) 를 창출했다(Audretsch, 2001).

〈표 1-8〉 미국 암젠의 경영현황

(단위: 백만 달러)

구분	1996	1997	1998	1999	2000	2001	2002
판매액	2,088	2,220	2,514	3,043	3,202	3,511	4,991
총수입	2,240	2,401	2,718	3,340	3,629	4,016	5,523
기술개발비	528	631	663	823	845	865	1,117
순이익	680	644	863	1,067	1,139	1,277	1,662

자료: Amgen Inc., Annual Report 종합, 2003 외

암젠 이외에도 새로운 바이오 스타 기업이 지속적으로 탄생하고 있다. 현재 전세계적으로 스타 기업으로 인정받는 바이오 벤처 기업들은 암젠, 제넨테크(Genentech), 카이론(Chiron), 바이온젠(Biogen), 메드이뮨(MedImmune), 길레드사이언시즈(Gilead Sciences), 바이오베일(Biovail) 등을 들 수 있다.

〈표 1-9〉 2002년도 주요 바이오 스타 기업들의 경영현황

(단위: 백만 달러)

회사명	수입	기술개발비	순이익	종업원	시장가치
Amgen	5,523	1,117	1,662	10,100	62,217
Genentech	2,618	623	64	5,252	17,067
Chiron	1,172	326	226	4,044	7,073
Biogen	1,148	368	199	2,633	5,972
MedImmune	848	144	81	1,605	6,820
Gilead Sciences	467	135	72	1,250	6,687
Biovail	788	52	256	1,900	4,146

자료: 미국 Ernst & Young LLP, Resilience: Americas Biotechnology Report, 2003 외

(2) 블록버스터 신약개발을 통한 바이오 산업발전

대규모 매출을 기록한 의약품을 블록버스터로 보는데 2002년에는 매출금액이 10억 달러 이상 되는 블록버스터 의약품이 총 8개 열거되었다. 2002년 바이오 산업의 세계 총 시장규모는 매출액 기준으로 414억 달러이다. 그런데 8개의 블록버스터 약품의 매출액은 163억 달러로 40% 가까운 매출액이다. 블록버스터 제품의 개발 여부에 따라 의약품회사뿐만 아니라

〈표 1-10〉 2002년도 바이오 산업 블록버스터 제품

(단위: 백만 달러)

구분	상품명	판매회사	일반명	용도	판매액
블록버스터 제품	Procrit	Johnson & Johnson(J & J)	Epoetin alfa	빈혈 치료제	3,400
	Intron-A	Schering-Plough	Interferon Alpha-2b	항암 및 간염 치료	2,700
	Epogen	Amgen	Epoetin alfa	빈혈 치료제	2,261
	Novolin	Novo-Nordisk	Human Insulin	당뇨병 치료	1,829
	Neupogen	Amgen	Filgrastim	항암보조제	1,380
	Remicade	J & J	Infliximab	크론병/류마티스 관절염 치료	1,300
	Rituxan	Genentech	Rituximab	Non-Hodgkin 림프종 치료	1,163
	Humulin	Eli Lilly	Human Insulin	당뇨병 치료	1,060
	소계				15,093
블록버스터 후보제품	Avonex	Biogen	Interferon Beta-1a	다발성 경화증 치료	830
	Enbrel	Amgen	Etanercept	류마티스 관절염 치료	802
	소계				1,632

자료: Ernst & Young LLP, Resilience: Americas Biotechnology Report 2003, 7. Amgen 2002 Annual Report 외, 2003

국가의 바이오 산업 전체의 위상이 정해지는 실정이다.

한국의 바이오 클러스터에서도 이렇게 블록버스터가 될 신약개발의 꿈을 가져야 한다. IT산업에서 삼성전자가 일으킨 기적을 한국의 바이오 산업에서도 이룰 수 있다. 연구력, 장기적 투자의지와 네트워크만 갖추어 주면 신약개발과 관련된 모든 것은 인간의 의지에 좌우되기 때문이다. 다만 IT산업과는 달리 장기간 투자해야 하는 사업이고 고위험요소가 크므로 민간부문에 맡기고 간접적 지원만 하는 것보다는 국책사업으로 진행할 필요가 있다. 실패하는 경우에도 신약개발의 과정에서 파생되는 연구 수준의 향상 및 바이오 벤처 설립 붐 등 부수적 효과는 충분하다.

3. 주요 국가의 바이오 산업현황 및 육성전략

1) 미국

미국의 시장규모는 세계적이다. 전세계 GNP의 30%를 차지하는 나라이면서 바이오 시장규모는 전세계의 70% 이상을 차지할 정도로 발달되었다.

〈표 1-11〉 미국의 바이오 산업현황

(단위: 억 달러, 개사, 명)

구분	1997	1998	1999	2000	2001	2002
매출액	130	134	161	193	214	243
수입	174	186	223	267	296	336
기술개발비	90	106	107	142	157	205
기업 수	1,274	1,311	1,273	1,379	1,457	1,466
종업원 수	141,000	155,000	162,000	174,000	193,000	194,600

자료: 미국 Ernst & Young LLP, Resilience: Americas Biotechnology Report 2003 외

당연히 바이오 산업도 미국을 중심으로 발전하고 있다. 2002년 미국 바이오 산업은 매출은 243억 달러, 수입규모 336억 달러, 참여기업 1,400개사 이상, 종업원 수 19만 명 이상으로 IT산업의 뒤를 이어 중요한 산업 중의 하나로 등장하고 있다.

(1) 예산의 바이오 산업 집중배정

부시 대통령 집권 후 작은 정부 지향정책에 의해 과학기술 관련 예산 증가율은 감소되었으나, NIH(국가보건연구소)의 예산만은 2002년 13.4%로 최고 신장률을 기록하는 등 최근 5년간 2배 증가했다. 이는 미국이 바이오 산업을 21세기 국책산업으로 인정하는 데 대한 범국가적인 컨센서스를 보여주는 결과이다. 상원의 세출위원회는 2002년 7월, NIH의 예산을 전년도보다 16%가 증가된 272억 달러를 승인했다. 이 금액은 1998년 대비 무려 2배가 증액된 금액이다.

(2) 포스트게놈 분야 국가 전략 프로그램 확대

- 유전체 기능연구 강화, Biomedical Computing 연구기구 설립 등을 했다.
- 1999년 Structural Genomics Initiative(NIH)
  단백질의 3차원 입체구조의 결정을 대량 · 신속하게 하기 위한 기술개발 5개년계획을 추진했다.
- 2002년 Gene to Life(DOE)
  세포 내 생체분자의 네트워크 · 동적 거동 해석을 위한 프로젝트를 진행했다.
- NIH 산하 NHLBI는 심장, 폐, 혈액과 수면장애의 기초가 되는 단백질의 상호작용연구를 위하여 향후 7년간 1억 6,000만 달러를 투입하기로 했다.

(3) 중소 바이오 벤처 지원정책

- SBIR(Small Business Innovation Research)제도를 통해 중소기업에 연구개발정책자금을 지원하고 있다.
- 주정부차원에서는 114개의 생명공학기술센터(Biotechnology Center)를 설립 · 지원하고 있다.

2) 유럽

전세계 바이오 산업시장의 20%를 차지하는 유럽 시장은 미국에 이어 두 번째로 중요한 시장이다. 2002년 유럽 바이오 산업 매출규모는 129억 유로, 참여기업은 1,878개사, 종업원 수 8만 2,124명에 달한다. 1997년 매출액이 27억 2,500만 유로에 불과했는데 6년 만에 4배가 넘는 128억 6,100만 유로로 급속도로 성장했다. 성장률은 미국보다 높다. 기술개발비 또한 1997년 19억 1,000만 유로에서 2002년 76억 5,700만 유로로 4배 가까이 급속히 늘어나고 있다.

(1) 선언적 범유럽적 바이오 정책수립

유럽은 하나의 국가가 아니다. 여러 국가들이 경쟁적으로 바이오 산업을 육성하고 있다. 국가별로 발전전략이 이루어지기는 하나 이 또한 지방자치가 워낙 발달한 곳이라 각 지방자치단체가 알아서 발전전략을 수립하고 있다. 그러나 바이오 산업의 중대성을 인식하면서 지역별 또는 국가별 정책의 한계를 뛰어넘기 위해 EU차원의 통일된 정책방향을 정립하기 위해 2002년 1월 23일 범유럽차원의 바이오 산업 육성전략을 발표했다. BT 기반 강화, 공공부문의 적극적 역할, 국제적 접근, 효율적 이행 등 4개 전략하에 30개 행동계획(Action Plan)이 제시되었다.

〈표 1-12〉 유럽의 바이오 산업현황

(단위: 백만 유로, 개사, 명)

구분	1997	1998	1999	2000	2001	2002
매출	2,725	3,709	6,285	8,679	13,130	12,861
기술개발비	1,910	2,334	3,364	4,977	7,166	7,657
기업수	1,036	1,178	1,352	1,734	1,879	1,878
종업원수	39,045	45,823	57,589	67,445	87,182	82,124

자료: Ernst & Young LLP, Endurance: The European Biotechnology Report, 2003

(2) 영국의 바이오 산업

유럽에서는 영국이 바이오 산업 육성정책이 가장 활발하게 진행되고 있다. 그 내용들은 다음과 같다.

- "Genome Valley Report(1999)"를 토대로 생명공학이 중점 육성되고 있다.
- 2002년 BT분야 투자 8억 5,000만 파운드(전체 R&D 예산의 11%)
- 2001~2004년 생명공학 3대 분야 지원을 위한 신규사업 예산배정 (8억 5,000만 파운드)
- 게놈 연구(유전자정보와 생물학적 기능의 관계, translational 기술 등)
- e-사이언스(게놈 연구로 얻은 정보의 마이닝, 공유화 등)
- 새로운 기반기술(게놈 연구를 위한 로보틱스, 이미징, 나노스케일 기술 등)

(3) 독일의 바이오 산업

영국보다는 늦게 바이오 산업 육성정책을 시작했지만 현재 활발하게 다음과 같은 육성방안이 논의되고 있다.

- "유전자산업발전계획(2001)"에 따라 생명과학기반의 산업경제적 연계 강화
- BT 육성을 위해 향후 5년간 15억 마르크(약 9,000억 원) 투자계획

• 2002년 생명과학 관련 프로젝트 예산 총 3억 1,920만 유로(전년 대비 3.7% 증가, 1998년 대비 56.8% 증가)
• 바이오 안전성 연구, 분자의학연구 지원의 지속 확대
• 게놈 연구를 통한 질병치료에 중점을 둔 국립 게놈 연구 네트워크에 별도로 미래투자 프로그램 기금 투입

3) 일본

일본은 아시아 바이오 시장 그 자체로서 전세계 시장규모의 약 2.3%를 차지하고 있다. 전세계 경제에서 10% 이상의 비중을 가지는 국가로는 그 규모가 적다. 일본의 바이오 산업 총 시장규모는 1997년에 1조 872억 엔에서 2002년 1조 4,330억 엔 규모로 증가했는데 그 증가속도가 유럽에 비해서 상당히 완만하다. 바이오 시장이 미국이나 유럽에 비해 상대적으로 발달속도가 느리다.

일본은 정부 주도의 발전전략을 추진하고 있다. 인간 유전체 연구는 미국 등에 뒤졌지만 실용화를 위한 포스트게놈 연구는 뒤지지 않기 위해 대폭적인 투자를 추진하고 있다. 2010년 25조 엔의 시장규모, 1,000개 바이오

〈표 1-13〉 일본의 바이오 산업 시장규모

(단위: 억 엔)

구분	내용	바이오 산업 총 시장규모					
		1997	1998	1999	2000	2001	2002
바이오 상품	유전자조작, 세포융합, 세포 배양 제품	8,166	9,184	9,767	9,119	9,707	10,381
바이오 관련상품	의약 · 정밀제품, 식품 · 센서, 기기시약 · 생물정보, 기타	2,706	2,378	2,642	3,268	3,624	3,949
합계		10,872	11,562	12,409	12,387	13,331	14,330

자료: 일본BP사(NB Publications, Inc.), 일경바이오 연감 2003 외, 2002. 11 외

기업 창출을 목표로 국가차원의 대형 프로젝트를 2000년 "밀레니엄 프로젝트"라는 이름으로 추진하고 있다.

2002년 12월 BT산업 활성화를 위해 일본 정부에서 마련한 'BT전략요강' 내용은 2010년 내 암치료율 20% 향상, 맞춤의료, 쓰레기연료 실용화 등이다.

그리고 2003년 바이오 예산은 약 3,400억 엔(30억 달러)으로 전년의 2,440억 엔에 대비해서 약 40% 증액된 것으로 일본 정부의 바이오 산업에 대한 육성 의지를 읽을 수 있다. 주요 프로젝트로는 단백질 3000 프로젝트(문부과학성, 118억 엔), 바이오 · IT융합기구 개발 프로젝트(경제산업성, 40억 엔) 등이 있다.

4) 중국

뒤늦게 출발했지만 미래에는 중국도 세계 바이오 시장의 중요한 부분이 될 것이라는 데는 이론의 여지가 없다. 중국 정부는 바이오 산업의 중요성을 인식하고 여러 형태의 바이오 산업 육성책을 내놓고 있다.

- BT산업 중점 육성 전략 마련
- 2000년 기준 200억 위안(3조 2,000억 원) BT 매출액을 2005년 2,000~3,000억 위안으로 10배 이상 증대 목표 추진
- 바이오 기술개발 기반구축을 위해 종합과학연구소 20개, 전문 바이오 기술연구소 10개 신규 설립할 계획
- 게놈 지도를 이용한 신약개발 및 질병, 농업, 환경연구를 위한 DNA칩 개발
- 바이오 관련 정보를 체계화하는 데이터베이스 사업
- 중국의 전통의학과 현대 생물과학기술의 결합 등

4. 국내 바이오 산업현황 및 육성전략

1) 시대별 바이오 산업 육성정책

(1) 1980년대: 기술도입 및 육성정책 착수

1980년대에 우리나라의 바이오 기술이 미국 등 바이오 선진국에 10여 년 이상 뒤졌으며 이러한 격차를 해소해야만 된다는 바이오 산업의 중요성을 정부에서 인식하여 생명공학 육성에 착수하였다. 생명공학육성법 제정(1983), 생명공학연구원 설립(1985), 유전자재조합기술 등 바이오 분야 R&D 지원 등의 바이오 산업 육성정책이 시작되었다.

(2) 1990년대: 정부의 범부처별 종합계획 수립 · 추진

정부에서는 부처별로 바이오 산업 육성에 대한 계획들이 여러 가지로 수립되었다. 이를테면 1994년에 수립된 생명공학육성기본계획(Biotech 2000), 1998년에는 뇌연구촉진기본계획(Braintech 21) 등이 수립되었다. 바이오 벤처의 개념이 육성전략에 포함되기 시작했다. 코스닥에는 마크로젠 등 바이오 벤처가 등장하기 시작했다.

(3) 2000년대: 세계화 도전의 비전 정립

2000년대는 한국도 바이오 산업에 대한 현실적인 대안을 마련하기 시작한 시기이다. 바이오 산업 발전방안 수립(2000년), 생명공학육성 제3단계 기본계획 수립(2001년 말), 바이오 기술 · 산업위원회 설치(2001년) 등이 이루어졌으며 코스닥 시장의 활성화와 함께 많은 바이오 벤처가 생겨났다.

2004년 현재 산업자원부에서는 신약개발을 주축으로 하는 바이오 스타 기업의 육성방안을 계획하고 있다. 과거와 달리 첨단 바이오 산업이 장기적인 투자를 요구하는 위험산업이라는 인식도 제고되고 있다(김범수, 2004).

2) 정부의 장기 대형 연구지원 프로그램 강화 추세

부가가치가 높은 바이오 산업 중 부가가치가 높은 분야는 장기 대형 지원정책이 필요하다는 인식 하에 BT분야에서 대형 프론티어 사업이 지속적으로 확대되고 있다.

2000년 이전

- 응용 · 개발연구 중점
- 대기업의 관심 촉진/경쟁력 제고 중점
- 소규모 단위과제 중심

➡

2000년 이후 ~ 현재

- Platform 기술 중점
- 벤처 기업의 역량 강화를 적극 추진
- 장기 대형과제 확대

[그림 1-2] 정부지원정책의 변화

3) 정부의 연구개발 투자

정부의 연구개발 투자는 1994년도에는 536억 원에 지나지 않았으나 2000년도부터 큰 폭으로 증가하여 2003년 5,393억 원 수준에 도달하여 매

〈표1-14〉 정부의 연구개발 투자비

(단위: 억 원)

연도	1994	1996	1998	1999	2000	2001	2002	2003
투자비	536	1,234	1,115	1,608	2,462	3,238	4,503	5,393

년 20% 이상의 상승률을 보이고 있다(고유상 2002).

(1) 증가하는 정부의 생명공학분야 연구개발 예산

정부의 전체 연구개발 예산에서 생명공학분야의 비중은 1994년도에 3.5% 수준에서 2003년에는 10% 수준에 도달하였다. 그리고 1998년부터 2003년 사이에 정부의 연구투자는 매년 20%씩 증가한 데 반해 생명공학 분야 투자는 매년 46%씩 증가했다. 2004년도 정부의 바이오 투자는 전년도(5,302억 원) 대비 20.6% 증가한 6,393억 원이었다. 이는 미국의 1/20이고 일본의 약 1/3 수준이다. 정부의 투자는 연구개발에 전체의 73%, 인프라에 27%를 지원하고 있다.

(2) 절대적으로 부족한 한국 정부의 총 연구개발 투자예산

그러나, 정부의 연간 투자액은 선진국 1개 바이오 벤처 대표업체의 투자액보다 적다. 미국의 바이오 벤처 기업인 암젠의 연구개발 투자는 1년에 8억 5,000만 달러이고, 제넨테크의 경우는 1년에 4억 9,000만 달러이다. 한국

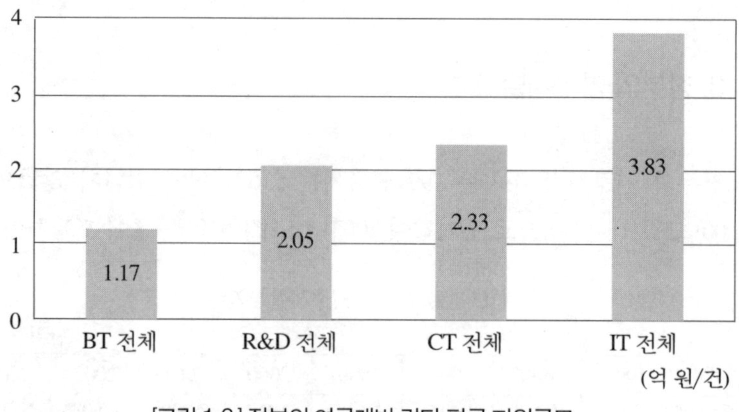

[그림 1-3] 정부의 연구개발 건당 평균 지원규모

정부의 연간투자액은 암젠보다 적은 실정이다. 그리고 정부의 지원자금이 기초 및 원천기술개발 위주로 되어 있어 세계 시장을 목표로 한 산업화 지원은 미흡하다. 또한, 바이오 부문 건당 평균 지원규모는 1억 1,700만 원으로, IT부문의 3억 8,300만 원과 비교하면 상당히 적다.

(3) 정부 부서 위주의 바이오 산업 지원

2004년도 정부의 바이오 투자는 전년도(5,302억 원) 대비 20.6% 증가한 6,393억 원인데 연구개발에 전체의 73%, 인프라에 27%가 지원되었다. 과기부를 통해 가장 많은 37%가 지원되었고 복지부 26.6%, 농림부 14.9%, 산자부 12.4% 순으로 지출되었다. 부서별 중복지원, 사업성평가 제외 등이 우려되는 상황이다. 바이오 산업 지원예산 전반을 관장할 수 있는 기구가 필요하다.

〈표 1-15〉 2004년 부처별 바이오 산업 지원예산

(단위: 억 원)

구분	과기부	교육부	농림부	산자부	복지부	환경부	해양부	총계
연구개발	2,112	264	796	198	985	231	53	4,639
인프라	253	–	158	596	712	17	18	1,754
계	2,365	264	954	794	1,697	248	71	6,393
비율(%)	37.0	4.1	14.9	12.4	26.6	3.9	1.1	100

자료: 산업자원부, 2004

(4) 가속적 성장이 예측되는 바이오 산업

현재는 열악하나 바이오 시장은 미래의 금맥임에는 틀림없다. 1995년부터 2003년까지 국내의 바이오 시장은 매년 30% 정도 고속성장을 했다. BT 산업의 국민경제에 대한 기여율은 1992년 0.03%에서 2001년 0.25%로 8배

증가했으며 2020년에는 GDP의 약 3%까지 확대될 전망이다(삼성경제연구원, 2002). 정부의 목표치도 가속적인 성장을 예견하고 있다. 2005년 현재 국내 시장규모는 5조 원에서 2010년에는 15조 원으로, 고용은 1만 5,000명 수준에서 7만 명으로 가속적인 성장을 목표로 하고 있다(과학기술부 2003).

〈표 1-16〉 우리나라 정부의 바이오 산업 목표

	2002. 1. 현재	2005	2010
국내 시장규모(조 원)	1.7	5	15
고용(명)	7,000	15,000	70,000
바이오 벤처 기업 수(개)	450	800	1,500
기술수준(선진국=100)	60	70	80

자료: 산업자원부, 2002

4) 기술수준

(1) 바이오 지식 기반의 부족

국내의 대학이나 연구소가 창업과 기업의 성장에 필요한 기술, 아이디어, 인력 등을 지속적으로 공급해 줄 능력이 선진국에 비해 부족하다. 과학기술 문헌인용색인(SCI)의 2003년 통계를 살펴보면 우리나라의 논문 발표량은 미국의 1/20, 영국이나 일본의 1/6 수준에 머물러 있다. 최근에 세계적인 연구성과도 나오고 있으나 전반적인 기술수준은 선진 국가들에 비해 많이 뒤진다. 성공적인 바이오 클러스터에는 한결같이 세계적 수준의 연구소와 대학들이 자리잡고 있다. 보스턴/케임브리지 지역의 경우 메사추세츠 공과대학(MIT), 하버드 대학, 메사추세츠 General Hospital, New England Medical Center 등 세계 최고 수준의 연구 및 교육 기관이 밀집되어 있다. 샌프란시스코 베이에는 스탠퍼드 대학교, UC 버클리, 워싱턴 D.C.에는 존스홉킨스 대학교, 미국립보건원(NIH) 등이 있어 창업에 필요한 하이테크 지식기반을 제공하고 있다.

(2) 바이오 기술수준의 격차

우리나라의 기술수준은 선진국의 기술수준과 상당한 격차가 있다. 그러나 특정 분야에서 돌파구를 찾아볼 수는 있다. 동 · 식물 형질전환 기술, 발효공정, 분리정제기술 등은 선진국 수준에 도달했다. 전반적인 기술경쟁력은 선진국의 60～70%(세계 14위) 수준으로 평가된다.

(3) 급성장하는 국내의 기초생명과학

한국 국내의 생명공학 연구결과들은 1996년 이후 *Nature*, *Cell* 등 세계 최고 수준의 학술지에 게재되기 시작하였으며 지속적 증가 추세에 있다. 1995년 이래 2003년 12월까지 I.F. 15 이상인 세계적 저널에 발표된 한국인

〈표 1-17〉 선진국 대비 한국의 바이오 기술수준

	요소기술	국내 수준(선진국=100)
기초기술	유전자재조합기술	85
	세포융합기술	80
	단백질공학기술	70
생산기술	발효기술	90
	세포배양기술	65
	생물공정기술	65
	생물 엔지니어링기술	35
신물질 창출기술	신물질탄생기술	25
	안전성 평가기술	30
전체		60～70

기술경쟁력 순위: ① 미국 ② 영국 ③ 일본 ④ 독일 ⑤ 프랑스 ⑬ 중국 ⑭ 한국

생명공학 관련 논문은 총 130여 편이고 최근 3개년(2001~2003)은 평균 23편으로 1995년 평균 4.3편에 비해 5배 이상 증가했다. 일정 분야에서라도 세계 최고 수준의 논문이 나오고 있으므로 미래의 가능성은 있다.

5) 초기단계, 저부가가치 위주의 국내 바이오 산업

(1) 블록버스터 하나에도 못 미치는 한국의 바이오 산업

2004년 바이오 산업의 전망은 생산 2조 4,000억 원에 수출은 약 8억 8,000만 달러에 이를 것으로 예측된다(김주한 2000). 그러나 수출 8억 8,000만 달러는 2003년 전세계 블록버스터(대히트 제품) 하나의 매출에도 미치지 못한다. 블록버스터는 신약개발연구를 통해 만들어진다.

(2) 고부가가치의 신약개발의 가능업체는 극소수

우리나라 바이오 산업의 구성은 2002년 기준으로 신약개발을 수행할 수 있는 중견기업이 약 30개사, 바이오 벤처 기업이 약 600개사 지역 바이오 벤처 클러스터 조성지구가 24개이다. 신약물질을 개발하는 기업은 몇 개 안 되며, 대부분의 기업이 기능성 식품을 개발하거나, 수입약품/Generic 약품을 생산하는 데 초점이 맞추어져 있다. 바이오 벤처의 경우 생물의약업체가 37%를 차지하고 있고, 생물식품 18%, 생물환경 14%, 생물화학 14% 등으로 되어 있다.

한국과 미국의 바이오 산업을 유형별 매출액 비중을 가지고 비교해 보면, 우리나라의 경우 생물화학/바이오 식품/생물반응기, 공장 및 공정설계의 비중이 50% 이상으로 미국의 3~4%와 비교해 극히 대조적인 현상을 보이고 있다. 그리고 우리의 경우 생물의약(동물약품 포함)이 약 34%인 반면 미국의 의약부문은 85.3%나 된다(김수동 2003).

(3) 생물의약부문에 관심 점증

우리나라 벤처 기업의 업종별 분포를 2002년 기준으로 보면 생물의약에 37%, 생물식품에 18%, 생물화학, 생물환경에 각각 14%로 고부가가치 부문인 생물의약부문에 대한 관심이 고조되고 있음을 알 수 있다(산업자원부, 2002).

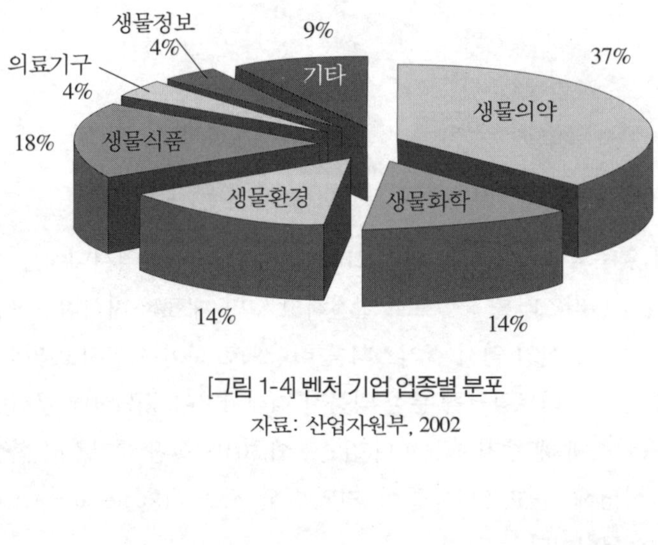

[그림 1-4] 벤처 기업 업종별 분포
자료: 산업자원부, 2002

2장 바이오 클러스터와 지역혁신 시스템

중공업 위주의 20세기와는 달리 21세기의 첨단지식산업시대에는 대부분의 산업이 클러스터를 중심으로 발전하고 있다. 대표적 지식첨단산업인 하이테크 바이오 산업 역시 클러스터를 바탕으로 하여 성장하고 있다. 지식산업의 발전은 네트워크를 통한 암묵적 지식이전이 중요한데 클러스터는 이를 용이하게 해 주기 때문이다(김인중 외, 2001). 한편 클러스터 현상을 가장 잘 설명해 주고 있는 틀이 지역혁신 시스템(Regional Innovation System=RIS) 모형이다.

따라서 바이오 클러스터의 구축 및 발전을 위해서는 지역혁신 시스템의 기본적 틀과 개념을 우선적으로 잘 이해해야 할 필요가 있다. 2장에서는 지역혁신 시스템과 관련된 여러 기초적 개념들을 살펴보도록 한다.

1. 지역혁신 시스템의 개념

1) 공급초과시대, 네트워크형 정보교류 그리고 기술혁신

1990년대를 전후하여 세계의 역사는 엄청난 변화를 겪었다. 역사적 사건은 아니지만 그것은 인류 역사상 가장 중요한 변화 중의 하나로서 인식되어야 할 것이다. 바로 공급초과의 시대가 도래한 것이다.

인류는 탄생 이후 계속 궁핍을 해결하기 위한 역사를 걸어왔다. 1990년대 이전까지만 하더라도 농산물을 비롯해 공산품까지 생산만 하면 수요는 항상 존재했다. 이른바 공급자 위주의 세상이었다. 17세기의 산업혁명도 공산품 수요를 해결하기 위한 것이었고 20세기의 눈부신 과학 발달도 인류에게 보다 나은 제품을 공급하기 위한 것이었다. 궁핍의 문제를 해결하고 사용하는 제품의 기능을 향상시키기만 하면 수요는 항상 있었기 때문에 공급측면의 문제만 해결하면 되었다. 이러한 현상은 거의 1980년대까지 지속되었다. 한국도 1970년대 및 1980년대 저가제품의 대량생산 및 대량수출로 경제성장을 이룩한 바 있다. 이 시기에는 산업발전을 위해 공급자와 유통업자 이외의 네트워크는 거의 필요하지 않았다.

그러나 1990년대에 들어서면서부터 수요와 공급은 정반대가 되었다. 세계의 거의 모든 중요한 생산품이 공급초과에 이르게 되었다. 식량부터 시작해서 자동차에 이르기까지 거의 모든 제품에서의 생산능력이 총 수요보다 20% 이상 초과하는 수요자 위주의 세상이 시작된 것이다. 급속하게 세상은 변했다. 경쟁 시스템 속에 생산과 소비의 연결성, 기술개발자, 생산자, 유통업자 그리고 소비자와의 네트워크형 투입과 산출이 되지 않으면 도태되는 치열한 경쟁 시스템이 시작되었다. 미국은 네트워크를 잘 만들어 주는 정보산업의 발전으로 그렇지 못한 국가들과의 경쟁에서 절대 우위를 차지함으로써 세계 경제학자들 대부분이 예상치 못했던 1990년대의 초장기 호황을 누렸다. 1980년대까지만 해도 거의 모든 공산품에서 일본에 1등의 자리를 내놓고 생산을 통한 경제발전의 희망을 거의 포기한 미국이었다. 그러나 생산만 잘하던 일본은 1990년에 와서 경제의 1등 자리를 다시 미국에게 내주고 말았다. 정치, 금융, 생산자, 소비자, 원천기술과 응용기술 등이 정보 시스템의 네트워크 속에 융화되어 최선의 대안을 발견하기 시작한 미국이 모든 변수를 망라한 최적의 해답을 내놓기 시작한 것이다.

1990년대에 들어서서 일본이 자랑하던 생산기술은 이제 큰 의미가 없어지고 모든 사회요소를 만족시키는 기술이 산업계를 지배하는 시대가 되었다. 사회요소 내지는 사회구성원을 만족시키는 최선의 기술을 개발하기 위해서는 끊임없는 기술혁신이 필요하다. 또한 21세기는 2등, 3등이 의미가 없어지는 시대이므로 끊임없는 기술혁신으로 공급자 중 최상위를 차지해야 소비자로부터 환영받을 수 있다. 세계적으로 자동차나 핸드폰을 만드는 기업은 무수히 많다. 공급과잉경쟁시대에서 세계 속의 경쟁에서 앞서 나가기 위해서는 끊임없는 기술혁신밖에 없다. 그리고 그 기술혁신은 옛날의 에디슨같이 혼자서 할 수 있는 것이 아니고 네트워크 정보 시스템에 바탕을 두고 각 경제 생산 · 소비 주체 간에 효율적인 교류가 있어야만 탄생할 수 있다.

2) 기업혁신 시스템에서 시작된 지역혁신 시스템

현재 각 국가별로 유행처럼 확산하고 있는 지역혁신모형은 기본적으로 그 이전에 이미 자연스럽게 시작되었던 기업혁신모형과 유사하다. 1980년대 후반부터 공급초과로 인한 경쟁이 치열해지면서 가용자원과 주변자원을 네트워크화하여 최적의 경쟁력을 만들어 나간 기업만 살아남게 되었다. 기업경쟁력을 살리기 위해 사용된 기업혁신모형은 세계화한 지역간 경쟁 시스템에도 원용할 가치가 충분하다.

1980년도 후반부터 도입된 경제자유화 과정, 새로운 기술의 급속한 출현과 확산은 각국의 경제 시스템을 치열한 경쟁적 환경으로 변모시켰다. 이에 따라 기업들은 치열한 국제경쟁에서 새로운 경쟁 우위를 창출하기 위한 다각적인 전략을 활발하게 전개하고 있다. 이 가운데서도 기술혁신의 의의와 중요성이 비약적으로 증대되었다. 지속적인 기술혁신 여부가 기업의 경쟁력에 결정적 요소가 되고 있는 것이다.

기업의 경쟁력에서 기술혁신이 중요해짐에 따라 지식과 학습의 중요성 또한 전례 없이 강조되고 있다. 이른바 지식기반경제, 학습경제라는 개념으로 표현되는 것처럼, 지식과 학습은 기업경영의 핵심요소가 되고 있다. 기술혁신의 원천이 지식에 있고, 지식은 지식을 소유한 주체간의 교류와 학습을 통해 창출, 확산되기 때문이다.

이에 따라 1990년대 이후 활발하게 전개되고 있는 기업간 상호작용과 학습, 그리고 그로부터 창출되는 시너지는 기업의 성과와 경쟁력에 결정적 요소로 작용하고 있는바, 이제는 경쟁적 기업들 사이에서조차 필요한 경우 협력적 네트워크가 많이 조성되고 있다.

이와 같은 경제환경상의 현실과 그 변화에 기초하여 다양한 과정과 기제를 통해 새로운 지식을 창출하거나 외부 지식을 흡수, 학습함으로써 기업의 혁신으로 이어지는 일련의 과정을 규명하는 연구가 다각적으로 전개되기 시작했다. 이 연구는 1990년대 들어 혁신 시스템(innovation system)이라는 좀 더 세련된 접근방법으로 발전하였고, 이후 기업 이외의 여러 조직, 이를테면 지역, 산업 등의 여러 분야의 발전을 위한 전략적 개념으로 응용되기 시작했다.

혁신은 일반적으로 발명(invention)과 동의어로 이해되기 쉽다. 그러나 혁신은 발명에만 국한되지 않은 광범위한 영역을 포괄하는 개념이다. 이는 경제학자 슘페터가 이미 오래 전에 피력했던 사고이기도 하다. 새로운 제품은 물론, 새로운 방법, 나아가 새로운 시장의 개척 등을 의미하는 혁신은 단순히 발명이라는 행위에 그치는 것이 아니고 대단히 포괄적인 것이다.

오늘날 혁신은 1) 발명(invention): 제품, 공정, 조직 등에서 새로운 기술원리를 발견하는 과정, 2) 적용(application): 발명의 상업적 형태로의 전환과정, 3) 확산(diffusion): 적용을 분산시키는 과정 모두를 포함하는 일련의 과정을 의미하는 것으로 인식되고 있다.

이러한 과정을 통해 혁신은 궁극적으로 기업이든, 서비스 기관이든, 연구소든 한 조직 안에서 다음과 같이 생산과정, 제품, 조직에서의 다양한 변화를 초래한다. 중요한 점은 단순히 새로운 아이디어의 창출, 그 자체만으로는 혁신이라 보기 힘들며, 그것이 응용 및 상업화 과정을 통해 기업의 수익창출로 귀결될 경우에 진정한 의미의 혁신이라고 할 수 있다는 점이다. 계획과 과정 그리고 결과가 모두 의미 있어야 혁신이 된다.

시작부터 끝까지, 횡적, 종적 모든 부문에서의 진보가 있을 때 혁신이라고 이야기할 수 있다. 첫째, 생산과정에서는 정보기술, 자동화, 에너지 절감 시스템 등 생산공정 내지는 생산방식의 변화가 있어야 한다. 둘째, 제품부문에서는 신제품이 나와야 하고 향상된 서비스, 새로운 제품 모델, 품질향상, 단축된 제품주기 등 제품과 관련된 모든 부문을 망라하여 총체적인 부가가치 향상이 있어야 한다. 셋째, 그리고 이러한 변화를 선도하고 수용하기 위해서 조직은 보다 유연해져야 하고, 배달 시스템이 적시성을 갖추어야 하며, 모든 정보의 네트워크화가 이루어져야 하고, 원료조달망 및 공급관리망의 최적화가 이루어져야 한다. 그 이외의 관련 분야에서도 걸맞은 발전이 이루어질 때 혁신이 이루어졌다고 평가할 수 있는 것이다.

혁신의 개념에 대한 새로운 사고와 더불어, 혁신 활동이 이루어지는 과정에서 대해서도 새로운 관점이 출현하고 있다. 과거에 혁신은 과학적 지식의 발견이 산업적 기술로 전환되고, 이것이 기업의 생산과정을 거쳐 제품으로 이어지는 단선적이고 순차적인 흐름으로 이해되었다. 이른바 혁신에 관한 선형 모델(linear model)인 것이다. 그러나 이러한 관점으로는 혁신이 이루어지는 과정의 실제적인 모습을 반영하지 못한다는 한계가 인식되었다. 체계 내의 모든 요소가 서로 다른 요소에 영향을 미친다는 현실이 선형 모델에는 개념화되어 있지 않다. 따라서 상호작용적 모델(interactive model)이라는 새로운 관점이 출현하여 현재 지배적인 모델로 자리잡았다.

상호작용적 모델에 따르면 혁신은 다양한 요소, 특히 지식이 투입되는 과정이며, 관련 행위주체들간의 지속적인 상호작용과 피드백에 관련된 과정으로 이해된다. 이 경우 혁신은 지식의 생산자와 사용자 사이의 쌍방향 교류, 혁신과정상의 다양한 요소들 사이에 다중적인 상호작용과 긴밀한 상호 의존성에 의해 이루어지는 것이 된다.

상호 의존성과 상호작용은 연결 주체의 상호 혁신이 가능하게 하는 개념이다. 특히 제품의 사용이나 기계 · 설비의 실행에서 이루어지는 사용학습(learning-by-using)이나 실행학습(learning-by-doing)은 관련 지식이나 아이디어들이 상호 융합 · 수정되고, 새로운 아이디어가 창출되는 과정에서 혁신이 도처에서 발생할 수 있는 원천으로 작용한다. 혁신을 복잡한 상호작용으로 보는 관점이 도래함에 따라 자연스럽게 혁신을 시스템으로 접근하려는 새로운 패러다임, 이른바 혁신 시스템(innovation system) 접근방법이 발전되었다.

혁신 시스템은 "그 활동이나 상호작용이 새로운 기술을 창안하고, 수정 · 확산시키는 공공 및 민간부문 기관들의 네트워크"(Freeman), 혹은 "생산 시스템, 마케팅 시스템, 금융 시스템과 같이 경제구조의 모든 부분들과 측면들, 그리고 혁신에 영향을 주는 제도적 구조(set-up)"(Lundvall) 등을 모두 의미한다. 간단히 말해 혁신 시스템이란 혁신을 창출 · 확산시키는 복잡한 구성요소들로 이루어진 하나의 시스템이라는 것이다.

이와 같은 기업혁신 시스템의 틀은 자연스럽게 지역혁신 시스템으로 그대로 운용될 수 있다. 지역정부 시스템 속에서 지방정부, 기업, 대학, 연구소, 산업별 시스템 등은 서로 상호 작용하고 있으며 서로에 대해 다핵적으로 혁신의 기초와 원인을 제공해 준다. 이러한 사실을 개념화시키고, 공식화시켜 효율적으로 작동하게 하는 시스템을 도입하지 못했을 뿐이다. 따라서 지역혁신 시스템은 과거부터 이미 존재했던 시스템을 좀 더 효율적으로 네트워크화하고 군집화하여 효율적인 지역발전체계를 만든다는 데 그 의미가 있다.

3) 지역혁신의 접근방식

(1) 네트워크형 또는 상향적 의사소통

과거의 국내의 지방경제모형은 중앙정부로부터 만들어진 경제발전모형에 의해 지방정부가 조연으로 출연하여 일이 진행되는 하달식 접근방식에 기초를 두었다. 그러나 지역혁신모형 내에서는 모든 네트워크화된 모든 구성원간의 수평적 대화 내지는 상향적 접근(bottom-up approach)에 바탕을 두고 의사소통이 이루어져야 한다. 그래야 구성요소간에 최적 또는 최대의 기여도를 기대할 수 있다. 이는 기업들의 의사소통 또는 협동체계의 성격이 변화한 것과 비슷하다(Gemunden 1996; 김승호 · 김상현 2003).

대기업이 주도하는 우리나라의 산업구조 하에서는 기업 내부의 독립된 연구개발 시스템이나 공공 연구소 주도로 연구개발이 수행되고, 이것이 생산부문에 의해 응용되는 것이 일반적이었다. 그러나 보다 유연해지고, 다양화되어 가는 산업 시스템에서는 기업 내 · 외부에 존재하는 다양한 주체들과의 상호작용이 혁신을 가능하게 하는 원천이 되고 있다. 단일한 독립된 연구개발 시스템을 갖추지 못한 중소기업의 경우 공급자나 사용자로부터 혹은 외부 지원기관으로부터 지식과 정보를 획득함으로써 혁신이 이루어진다는 점에서 특히 그러하다.

기업지원체계 등을 정부에서 일방적으로 만들어 놓고 획일적으로 기업에 요구하는 방식은 예산낭비에 그칠 가능성이 많다. 기업의 요구를 바탕으로 하는 수요자 지향적 접근개념을 정부가 가지고 있어야 기업과 기업지원체계 전부에 걸친 혁신이 성공할 수 있다. 과거와 같이 정부 주도의 공급자 중심적 전략은 이와 같은 네트워크적 변화에 현실적으로 부합하기 어렵기 때문이다.

(2) 전략적 접근(strategic approach)에 의한 지역혁신

지역혁신전략은 연구 및 기술개발이 핵심을 이루지만, 연구개발 영역 외의 경영, 마케팅, 재무 등 다른 많은 영역에서도 기업의 혁신 활동과 직·간접적으로 연관을 맺고 있다(Frenkel & Shefer, 1996). 우리나라에서의 지역혁신은 정부의 지원이라는 당근으로 시작된다. 지방자치단체의 각 당사자는 자신 또는 자신의 조직이 혁신의 흐름 속에 포함될 수 있는지 아니면 소외되는지에 대해 예민해질 수밖에 없다. 따라서 예비혁신 주체들로부터 정치적 개입이 건별로 또는 시간별로 나타나게 마련이다. 지역혁신을 둘러싸고 다양한 행위 주체들이 다양한 아이디어와 이해관계를 가지고 정치적 개입을 하려 한다. 자신에 맞는 지원책, 행동 프로그램 등이 제안되고, 실행되기를 요구한다. 전략적 틀을 가지고 움직이지 않으면 수많은 혁신 참여자들의 요구로 의도하지 않은 방향으로 진행될 수도 있다.

혁신 참여자들의 요구는 얼마든지 다양할 수 있다. 그러나 각 지역이 가지고 있는 인적, 물적, 재정적 자원은 보통 한정되어 있다. 그리고 지역혁신전략은 그 계획의 특성상 대개 4~5년간에 걸친 중기계획의 성격을 가진다.

따라서 이와 같은 제한된 자원, 중기계획으로서의 지역혁신 여건을 고려해 볼 때, 지역혁신을 효율적, 효과적으로 추진하기 위해서는 주도면밀한 전략적 접근이 필요하다. 전략적 접근은 지역에 의해 정의된 장기 비전과 목표, 그리고 우선순위에 부합하는 행동을 계획하고 실천하는 것을 의미한다. 물론 개별 하위 목표들과 실천을 위한 행동 프로그램에서 우선순위는 주기적으로 필요할 경우 수정될 수는 있다. 가장 중요한 것은 다양한 혁신 참여자들의 정치적 개입에 흔들리지 않고 장기 비전과 목표에 맞게 하위목표와 프로그램을 설정하고 실천하는 것이다. 비전설정, 목적설정, 하위목표설정, 프로그램 개발, 프로그램의 실천, 결과에 대한 평가, 피드백 등 전략적 개념과 절차에 바탕을 둔 지역혁신이 이루어져야 한다(이성근 2002).

(3) **통합적 접근**(integrative approach)**에 기초한 지역혁신**

지역혁신에는 공공과 민간부문 사이, 또는 여러 정책 영역들 사이에 통합의 원리가 작동되어야 한다. 지역생산성의 증가, 경쟁력의 향상이라는 공동의 목표를 향해 각계각층의 노력을 많이 결집시킬수록 지역혁신의 성공 가능성을 높이고 실효성도 제고할 수 있다.

이러한 의미에서 지역혁신전략은 지역적 합의 형성이 매우 중요한 요소라 할 수 있다. 따라서 상이한 지역사회경제의 주체들이 지역혁신의 전략수립과정에 얼마나 잘 포용될 수 있는가는 대단히 중요하다. 절차의 정당성이 참여자의 지역 충성도를 어느 정도 좌우하기 때문이다. 이를 위해 지역혁신의 비전과 목표, 그리고 하위목표의 우선순위에 대해 관련된 행위주체들의 참여와 토론, 합의를 촉진시킬 수 있는 다양한 기제와 절차가 전략수립과 실행과정에 수반되어야 할 것이다. 행위 주체들의 참여기회를 높이기 위해 간담회, 토론회, 포럼, 세미나, 심포지엄 등 다양한 형태의 참여방식이 사용될 수 있다. 통합적 접근에는 지역혁신의 시작을 위한 수많은 의사소통노력이 필요하며 그 노력을 많이 할수록 효율적인 진행과 효과 있는 결과를 기대할 수 있다.

지역혁신에는 다른 산업, 다른 지역의 성격이 다른 계획과도 통합이 필요하다. 중복의 비효율성을 배제할 수 있고 공동의 시너지 효과도 기대할 수 있기 때문이다. 상위계획, 하위계획, 산업별 혁신체계, 소단위 지역별 혁신체계간에 다핵적으로 혁신 비전에 대한 상호 일관성을 유지하고 혁신체계간 상호 시너지 효과가 창출될 수 있도록 통합적인 틀로서 관련 체계 또는 계획들을 체계적으로 검토하고 수용하여야 한다.

(4) 국제적 접근방식(international approach)의 중요성 인식

지역혁신 시스템에서는 반드시 국제적 접근방식이 강조되어야 한다. 최근 경제의 세계화와 병행하여 과학기술의 국제화, 연구개발의 세계화가 활발하게 전개되고 있다. 메가 연구개발프로젝트를 둘러싸고 국경간 제휴와 협력이 활성화되고 있음은 물론, 연구기관의 국제적 분산과 집적이 강화되고 있고 우수 연구인력의 국가간 지리적 이동도 활발하게 전개되고 있다.

클러스터의 핵심 중의 하나가 집적도이다. 지역적 접적도가 대단히 중요하지만, 산업에 따라서는 정보통신망을 이용하여 전세계적 분산구조로 산업 클러스터를 얼마든지 형성할 수 있다. 미국 은행, 통신회사 등의 안내 서비스 데스크가 인도에서 이루어지고 있는 경우가 많다. 한국통신도 비용절감만을 목적으로 한다면 114안내데스크를 중국으로 옮겨 조선족에게 안내를 하도록 할 수 있다. 산업별 차이는 있지만 국제간 산업 클러스터 형성은 업종에 따라 얼마든지 가능할 수 있다

지역단위에서 추진되는 혁신도 이러한 상황변화를 반영하여 국제적 관점이 수반될 필요가 있다. 국경을 달리하는 지역간 연구개발 협력과 정보네트워크 형성, 관련 정책에 대한 국제적 교류와 벤치마킹도 적극적인 고려 대상이다.

4) 지역혁신전략의 개념과 목표

우리나라는 경제개발 5개년계획을 통해 세계 역사상 유례가 없는 눈부신 경제발전을 이룩한 바 있다. 중앙에서 모든 목표를 설정하고 실행계획을 수립했다. 그리고 적어도 1980년대 중반까지는 그러한 상위하달식의 일

방적 경제발전방식이 잘 맞아 들어갔다. 경제개발 초기에는 양과 질적인 면 모두에서 경제발전 주체는 정부조직 하나밖에 없었기 때문이다. 1970년대에는 대기업이 경제발전에 참여자 역할을 하기 시작했다. 네트워크를 형성할 필요도 없었고 대상도 없었다. 그러나 이제는 그렇지 않다. 세월이 흘러 무수한 경제사회 참여자가 나타났다. 경제발전 참여자 내지는 국가혁신 주체는 다양해지고 저마다 정치경제적 입지를 가지면서 국가에 해나 악을 입힐 수 있는 주체로 변모했다. 지역혁신 시스템도 마찬가지이다. 수많은 혁신 주체가 존재할 수 있으며 이들은 나름대로 입지를 가지고 지역혁신 시스템을 발전시키거나 손상시킬 수 있는 입장에 있다. 지역혁신 시스템은 혁신 주체 모두의 공통선을 목적으로 할 수밖에 없다. 공통선이나 공통 비전을 실현하기 위한 하위목표 내지는 구체적 목표가 지역혁신전략의 목적 또는 목표라고 할 수 있다(Cooke, Uranga & Elxebamia 1997).

지역혁신전략은 궁극적으로 지역적으로 존재하는 사회경제 시스템을 양적 · 질적으로 향상시키고, 지역사회경제 시스템이 제대로 되어 있지 않은 곳에서는 지역혁신 시스템이 확립되도록 함으로써, 지역경제발전의 근간이 되는 지역의 혁신역량을 제고하고, 산업의 경쟁력을 강화하는 데 있다. 구체적으로 지역혁신전략은 다음과 같은 방법이나 목적달성을 위해 노력하는 과정과 결과에서 수립되는 계획 및 실행 그리고 피드백의 과정을 총망라한 개념이라고도 할 수 있다.

첫째, 연구 및 기술개발, 기술혁신에 관한 공공 및 민간의 투자 우선순위에 대해 지역적 수준의 광범위한 합의를 형성한다.

둘째, 지역경제에서 성장하는 산업부문 혹은 클러스터를 체계적으로 식별하고, 동 부문 및 클러스터에 전략의 초점을 설정함으로써 지역경제의 동적 발전을 촉진시킨다.

셋째, 혁신전략의 수립과정은 물론 실행과정에 다양한 경제 활동 주체들을 참여시킴으로써 산업 활동에서 기술혁신의 의의와 중요성에 관한 인식을 고취시키고, 이를 통해 혁신의 분위기, 혁신 지향적 문화를 널리 확산시킨다.

넷째, 지역혁신전략을 통해 도출된 각종의 행동계획 및 시범프로젝트들을 통해 지역 내 중소기업들의 혁신역량을 강화한다.

다섯째, 기업과 기업 간, 기업과 공공 및 준공공 지원기관 간 협력적 네트워크를 배태시키고 촉진한다(박삼옥 · 남기범 2000).

2. 지역혁신 시스템의 틀

1) 혁신 시스템의 구성요소

혁신 시스템은 일반적인 시스템 접근방법에서처럼 구성요소와 그들 사이의 관계에 기초를 두고 있다. 이 구성요소의 성격에 따라 시스템의 의미는 넓게 또는 좁게 규정된다. 또한 구성요소간의 관계에 따라 각 혁신 시스템이 나타내는 성격과 잠재력이 얼마든지 다르게 나타날 수 있다.

혁신 시스템의 구성요소는 혁신 활동에 영향을 주는 행위 주체들(기관, 조직 등)과 제도(법률, 정책 외에 규범, 문화 등의 비공식 제도)로 이루어진다. 여기에는 기업 외에도 대학과 연구소, 기술이전기관, 혁신지원기관 등이 있다. 그리고 산업협회나 서비스 지원기관과 같이 생산 · 마케팅 · 정보 · 금융 등 기업의 광범위한 경영 활동을 지원하는 행위 주체들이 간접적으로 관련된다. 이에 대해 OECD나 EU 등은 이미 오래 전에 혁신 시스템을 구성하는 요소들을 몇 가지의 개념적 층위를 통해 포괄적으로 규정한 바 있다.

첫째, 일반조건(Framework Condition)은 기업을 둘러싸고 있는 광범위한 산업환경이다 이들 층위에 존재하는 다양한 구성요소 또한 간접적으로 기업의 혁신 활동에 영향을 준다.

둘째, 과학 및 엔지니어링 기반(Science and Engineering Base)은 혁신 시스템에서 핵심을 차지하는 요소로서, 과거는 물론 현재에도 과학정책, 기술정책에서 주요 대상이 되는 요소이다(Carlsson, Jacobsson, Holmen & Rickne 2002).

셋째, 이전인자(Transfer Factors)는 과거 전통산업 시스템과 혁신 시스템을 구별시키는 새로운 개념이다. 지식기반경제에서는 지식교류, 상호작용

〈표 2-1〉 혁신 시스템의 구성요소

층	구성요소
일반조건	• 일반인을 위한 기초 교육 시스템 • 전화, 전자통신을 포함한 통신 하부구조 • 금융기관 • 특허법, 조세, 이자 및 환율, 관세 등에 관련된 정책 • 판매 및 마케팅 • 산업구조와 경쟁환경
과학 및 엔지니어링 기반	• 전문기술훈련 시스템 • 대학 및 민간연구 시스템 • 기술이전 시스템 • 기초연구를 위한 지원 시스템 • 공공연구개발 활동 • 기타 연구개발 지원 활동
이전인자	• 기업간 연계 • 국제적 링크 • 전문 기술자와 과학자의 이동 • 공공연구 개발로의 산업의 접근 • 회사의 분리신설 • 공동체적 가치 시스템, 신뢰와 개방성 • 명문화된 지식
기업 내적 원천	• 연구개발 • 기업의 전략 • 비연구개발 활동: 생산, 마케팅, 설비와 중간재 투자, 학습, 정보탐색

적 학습 등이 대단히 중요하다. 기업간 연계나 국제적 링크, 과학기술자의 이동 등 지식의 나눔 방식이 혁신체계에 미치는 영향은 계속 증대되고 있다. 이러한 이전인자들이 과학 및 기술 엔지니어링 기반과 함께 혁신 시스템의 근간이 되고 있다. 과학 및 엔지니어링 기반층, 심지어 일반조건층에 존재하는 각종 지식들이 기업 내적 원천(Innovation Dynamo)으로 효과적으로 이전되도록 하는 것이 바로 이전인자이다(곽수일 · 장영일 1998).

구성요소들이 가지는 관계는 대단히 중요하다. 관계가 잘된 경우에는 이들 구성요소들 사이에 상호 신뢰와 협력에 기초하여 활발한 교류와 긴밀한 네트워크가 존재한다. 관계가 잘못된 경우에는 연계와 네트워크를 제약하는 다양한 장애요인의 존재로 인해 구성요소들 각자가 폐쇄적이고 고립적인 상태로 운영될 수도 있다. 특정 선도적 행위 주체가 전체 시스템을 조정하는 경우가 있을 수 있고, 반대로 다양한 행위 주체들 사이에 수평적 연계가 이루어질 수도 있다. 이러한 구성요소들 사이의 다양한 관계에 기초하여 혁신 시스템은 여러 가지 다른 특성들을 가질 수 있다(Camagni 1991).

2) 공간의 공유에 기초한 지역혁신 시스템

혁신 시스템을 지역적 개념으로 적용시킨 것이 지역혁신 시스템이다. 지역혁신 시스템은 대개 지역적으로 차별화되어 있다. 각 지역마다 혁신 시스템의 구성요소나 관계가 서로 상이하여 특성과 잠재력이 다를 수밖에 없기 때문이다. 특정 지역혁신 시스템의 성격은 혁신 주체들이 지식과 혁신을 보는 관점과 밀접하게 연관되어 있다.

사실 지식, 특히 암묵적 지식은 그 특성상 부호화하기 쉽지 않으며, 따라서 타 주체에게 이전하기 어려운 것이 일반적이다. 그래서 이러한 암묵적 지식의 학습에는 일정한 조건이 요구된다. 즉 지리적으로 상호 근접하고,

또 동일한 제도적 환경이나 사회문화를 공유하고 있는 공간적 토대가 필요하다.

이러한 이유로 혁신 활동의 기반인 (암묵적) 지식의 상호 학습은 특정 지역이나 지방과 같은 일정한 공간적 범위 안에서 이루어져야 효과적이다. 동일한 차원 또는 지역의 공간 내에서 이전인자가 가장 효율적으로 작동하기 때문이다. 이와 같이 지역혁신 시스템은 지역적 기반을 통해 이루어지는 지식교류와 상호학습을 바탕으로 구성되는 혁신 시스템이라 할 수 있으며, 이 지역혁신 시스템의 특성과 잠재력이 현대 경제에서 지역경쟁력의 결정적 요소가 되고 있다.

지역혁신전략은 이와 같은 혁신 시스템 및 지역혁신 시스템에 전략적으로 개입하려는 노력이라고 할 수 있다. 혁신 시스템이 부재하는 곳에서는 혁신 시스템을 구축하고, 혁신 시스템이 존재하는 곳에서는 그 혁신 시스템이 내재하고 있는 문제점을 개선하고, 질적으로 향상시키는 데 그 목적이 있다. 이는 혁신 시스템이 형성되든지 또는 질적으로 향상되면 기업, 나아가서는 지역산업의 경쟁력을 향상시킬 수 있기 때문이다.

3. 지역혁신 시스템의 유형

지역혁신 시스템은 과학기술의 혁신에 직접 관련되는 요인들을 상호 협동적인 네트워크로 체계화하는 모형들 가운데서 가장 강력한 시스템이다. 후기산업사회가 도래하면서 세계 각국은 지식과 기술 및 정보가 사회발전에서 가장 핵심적인 요인임을 인식하기 시작했다. 그래서 기술혁신에 관련되는 제 요인들에 대한 효율적 체계를 구축하기 위해 다양한 모형들을 발전시켜 왔다(Morgan 1997; Hassink 1998).

여러 가지 종류의 시스템 모형이 개발되고 현실적으로 사용되었는데 지역혁신 시스템이 모든 면에서 가장 효율적이고 강력한 시스템으로 평가받고 있다. 특히 핵심기술의 혁신에는 지역혁신 시스템이 가장 효과적인 것으로 나타난다(최용호 · 변세일 2002).

〈표 2-2〉 상호협동 네트워크 관련개념들의 비교

개념	공간적 근접성	기술적 근접성	사회 · 문화적 착근성	정부기관의 역할	경제적 특성
성장극 (growth pole)	강함	다국적 기업으로부터 기술이전	중간	필수적	특정 자산 소유 중견기업
산업지구 (Industrial Distrlct)	강함	강한 편	강함	강함, 연구기관은 약함	산업전문화 상품차별화
혁신환경 (Innovation milleu)	강함	강함	강함	강함	후진지역 부흥
산업군집 (Industrial cluster)	강함	동종기계사용 기업간의 수평적 관계	제한적임	관계없음	비용최소화를 통한 효율성
지역혁신시스템 (RIS)/ Technopole	강함	강함	강함	강함, 연구기관이 가장 강함	핵심산업전략 기술변화

자료: 오덕성, 2003. 재인용

1) 산업유형에 따른 지역혁신 시스템 구축 유형

지역혁신 시스템 유형은 산업별 유형, 지역의 현황과 혁신 주체의 역할, 특성화 분야, 공간적 단위 등에 따른 분류 등의 4가지로 나눌 수 있다.

산업별 유형에 따르면 지역혁신 시스템은 과학기술 기반형, 수요대응형, 전문공급자형, 규모집약형으로 분류할 수 있는데, 각각 실리콘밸리, 제3이탈

〈표 2-3〉 산업유형에 따른 지역혁신 시스템 유형

유형	효율적인 지역혁신 시스템 구축방안	사례	현황
과학기반형 정보집약형	• 대학의 균형있는 발달과 긴밀한 산학협동 • 기업가 정신 및 창의적 분위기 • 고위험 · 고수익을 기대하는 모험자본의 존재 • 기업, 서비스산업 등 지원인프라의 완비	실리콘밸리	• 1951년 스탠퍼드산업단지로 출발 • 3,500개 벤처 기업, 27억 달러 투자, 5만 개 이상의 일자리 창출
수요 대응형	• 전문화된 중소기업의 네트워크를 통한 연계 • 생산과정의 세분화 및 집적효과 극대화 • 지역종합서비스센터를 통한 전문화된 지원체제 구축 • 숙련의 형성과 노동의 유연성	제3이탈리아	• 직물, 패션의류, 신발, 가구, 악기 등 전통산업에 특화
전문 공급자형	• 중견 · 중소기업 중심체제 • 전략적 집중과 지리적 다변화의 결합 • 네트워크를 통한 업체간 협력관계 • 다양한 지원인프라의 공급 • 지역 연대의식에 의한 특유한 노사관계 • 외주이용의 확대와 부품업체의 다각화	독일의 기계공업	• 생산의 60% 이상 수출 (1986년 이후 수출 세계 1위)
규모 집약형	• 부품업체와의 긴밀한 상호교류를 통한 공동학습으로 수확체증효과 실현 • 시스템 발주 실시로 신차 개발에만 전념 • 개발지원업체의 해외시장 확대와 유연성 • 다국적기업간의 전략적 제휴	일본의 자동차산업	• 해외 현지생산 확대, 부품의 공용화 및 글로벌 소싱을 통한 신차 개발 네트워크 형성

리아, 독일의 기계공업, 일본의 자동차산업이 대표적 사례가 된다. 이를테면 강원도의 관광산업은 수요대응형이고 바이오 지역혁신 시스템 및 해양생물 지역혁신 시스템은 과학기술형, 원주의 의료기기 지역혁신 시스템은 과학기술형을 목표로 하고 있으면서 전문공급자의 형태를 일부 가지고 있다.

2) 지역의 현황/혁신 주체에 따른 지역혁신 시스템 구축 유형

지역의 현황과 혁신 주체의 역할 기준에 따르면 대학 주도형, 연구기관 주도형, 기업 주도형, 외국인 투자 주도형 등으로 나눌 수 있다. 강원도의 경우 관광 지역혁신 시스템은 기업 주도형, 바이오 지역혁신 시스템 및 해양생물 지역혁신 시스템은 대학 주도형, 의료기기 지역혁신 시스템은 대학 및 기업 주도형이다. 총체적인 의미에서의 인간/생명 지역혁신 시스템은 지방정부 주도형이다. 국내 대부분의 지방은 전형적인 지방정부 주도형 지역혁신 시스템이 이루어질 수밖에 없다. 현재 지역사회에 주도적 역할을 할 수 있는 대기업 또는 중소기업군이 제대로 형성되어 있지 않은 일반 지방의 상황이 1970년대 한국 경제개발시에 개발 주도 주체가 형성되어 있지 않고 다양한 참여 주체가 없어 중앙정부가 모든 것을 담당했던 상황과 흡사하다. 그런 의미에서 전체적인 인간/생명 지역혁신 시스템뿐만 아니라 하부구조의 지역혁신 시스템들도 당분간 지방정부 주도형으로 진행하다가 기업 또는 대학 주도형으로 바뀌어 나가야 할 것이다.

3) 특성화 분야에 따른 구분

지역혁신 시스템의 특성화 분야에 따라 인적 자원개발 지역혁신 시스템, 과학기술 중심 지역혁신 시스템, 산업 중심 지역혁신 시스템, 문화관광 중심의 지역혁신 시스템, 기타 지역혁신 시스템으로 구분된다.

인적 자원개발 지역혁신 시스템은 지역의 수요에 기초한 인적 자원 개발, 지역혁신역량 제고를 위한 우수인력 양성 및 정착 지원 등을 주요 내용으로 한다. 지방분권시대를 맞이하여 지방공무원의 전문성을 개발하기 위한 시스템이라면 인적 자원개발 지역혁신 시스템에 해당된다.

과학기술 중심 지역혁신 시스템은 대학, 기업, 연구소 등의 연구개발(R&D) 활동을 통해 지역인재 고용, 연구성과의 스핀오프(spin-off)에 의한 신기술 창출, 기존산업의 효율성 제고를 주요 내용으로 한다. 대덕밸리의 지역혁신 시스템이 과학기술 중심 지역혁신 시스템에 해당된다.

산업 중심 지역혁신 시스템은 관련 산업체의 집적(clustering) 및 네트워크를 통해 제품, 지식, 인력, 장비 등의 상호교류 · 공유에 의한 기술혁신 및 산업경쟁력 제고를 주요 내용으로 한다. 원주의 의료기기 지역혁신 시스템, 창원기계공단 등이 산업중심 지역혁신 시스템에 해당된다.

문화관광 중심 지역혁신 시스템은 지역별 첨단문화산업의 집적화, 특화된 문화관광축제 육성, 관광자원개발 등을 주요 내용으로 한다. 21세기 성장산업인 대중오락 문화 콘텐츠 산업 지역혁신 시스템은 부천, 춘천 지역을 중심으로 초보단계에서 약간씩 구축되고 있다.

기타 지역혁신 시스템은 물류, 금융, 유통 등 서비스 기반 구축 및 적극적 지원 프로그램을 통해 지역경제 활성화를 주요 내용으로 한다.

4) 공간적 단위에 따른 유형

지역혁신 시스템은 공간적 단위에 따라 기초단체모형, 광역단체모형, 그리고 초광역단체모형으로 구분할 수 있다. 우선 기초단체모형은 시 · 군 행정단위별 또는 복수 시 · 군의 지역혁신 시스템으로서 지역당사자들의 참여가 쉬운 장점이 있는 반면 혁신 주체의 역량이 부족한 문제가 있다. 광역단체모형은 광역 시 · 도별 1개 또는 복수의 지역혁신 시스템으로서 행정역량이 충분하고 양질의 혁신 주체가 존재하나 당사자들의 현실적인 참여가 희석되며 각 지역간 생활권의 불일치로 인한 비효율이 있을 수 있다. 초광역단체모형은 경제 · 생활권에 입각하여 2개 이상의 광역자치단체에 걸친 지역혁신 시스템으로서 유사 인프라 중복투자를 방지하고 특화산업간 연계발전이 가능한 장점이 있는 반면 이해관계가 상충될 때 합의도출이 거의 불가능한 단점이 있다.

각 지역은 지역혁신 시스템의 다양한 유형을 고려하여 여러 수준과 형태의 지역혁신 시스템을 구축할 수 있다. 즉 중앙정부에서 획일적인 모형을 하향식으로 제시하기보다는 각 지역에서 현실적 자원과 환경여건을 고려하여 적합한 모형을 구축하는 내발적 모형이 바람직하다.

〈표 2-4〉 공간적 단위에 따른 지역혁신 시스템의 비교 분석

구분	장점	단점
기초단체모델	• 지역당사자들의 참여 제고	• 혁신 주체의 역량 부족 • 대상 과다로 재원 확보, 선정 등의 어려움
광역단체모델	• 행정역량 확보 용이 • 충분한 혁신 주체 존재 • 행정 추진 용이	• 실제 경제 · 생활권과 불일치로 인한 비효율
초광역단체모델	• 인근 시 · 도의 특화사업간 산업 · 기술적 연계 촉진 • 유사 인프라 중복투자 방지	• 자치단체간 합의 도출의 어려움

3장 바이오 산업과 클러스터

1. 첨단산업과 클러스터

1) 산업시대와 집적화 현상

농업시대가 끝나고 산업혁명이 시작하면서 산업은 특정 지역에 집적하는 경향을 보이고 있다. 교통과 통신의 발달로 물리적 거리의 중요성이 줄어들고 있는 오늘날에 오히려 이러한 현상은 더 가속화되고 있다(Charles, et. al. 2000). 우리나라의 경우도 마찬가지이다. 인터넷이 원거리통신을 획기적으로 발전시켰지만 인터넷의 저변이 되는 IT산업은 특정 지역으로 더욱 집적되고 있다.

2) 기업간 근접성과 집합적 경쟁력

특정 산업이 특정 지역에서 발달하는 이유를 포터(M. Porter)는 클러스터라는 개념으로 설명하였다(Porter 2001). 그는 특정 지역이 시장에서 경쟁 우위에 있는 제품을 대량 생산함으로써 특화된다고 주장했다. 그리고 생산규모에 대한 수확체증의 법칙으로 특화된 지역의 기업은 보다 저렴하고 효과적으로 재화를 생산함으로써, 점차 교역관계에 있는 기업들이 인접지역에 입지하면서 생산요소를 공유하고 그 이익을 향유하는 산업 클러스터를 형성한다는 것이다. 산업 클러스터 내에서 기업은 동종업종의 다른 기업들과 치열한 경쟁과 동시에 협력을 함으로써 높은 품질의 서비스 공급, 기술혁신, 제품성능 개선 등 지속적인 투입요소를 확보하게 되고, 직접 교역하지 않는 기업들도 정보, 지식, 숙련노동력을 비공식적으로 교환함으로써 상호 의존의 관계를 형성한다. 이에 따라 클러스터를 이루는 집단은 '집합적 부(collective fortunes)'를 공유하게 된다. 즉, 기업간 근접성은 지식과 기술의 교환을 촉진하며, 가치사슬을 공유하면서, 지역(국가) 경쟁력 우위의 원천이 된다(박삼옥 · 남기범 2000).

3) 첨단지식산업과 집적클러스터

특히 IT산업이나 BT산업처럼 고도화된 지식산업일수록 생존하기 위해서는 세계적인 경쟁력이 필요하다. 따라서 경쟁력을 높이기 위해 구성원의 핵심역량이 높아야 하고 서로의 역량을 공유하는 시스템이 필요하므로 더욱 클러스터를 형성할 수밖에 없다. 역으로 클러스터가 활성화되지 않은 지역에서는 고도의 지식산업이 발전하기 힘들다. 향후 특정 산업의 경쟁력은 클러스터 형성 수준에 달려 있다(Catherine 2000; 문미성 2000).

2. 클러스터 형성의 이론적 배경

1) 클러스터의 정의

클러스터에 대한 정의는 다양하다. 사전적 의미의 클러스터는 "함께 성장하고, 집중하고, 발생하는 다수의 것들; 함께 그룹을 이룬 다수의 사람들이나 사물들"이다(Collins Concise Dictionary 1990). 기존 연구들에서는 〈표 3-1〉 같이 클러스터를 다양하게 정의하고 있다.

2) 한국에서 생성중인 바이오 클러스터의 성격: 한국의 경우

한국에서 생성중인 바이오 클러스터는 아직 미숙한 단계이지만 클러스터 개념이 복합적이다. 첫째, 특정 제품의 개발과 상용화를 도와주는 여러 가지 상이한 역량이 있음을 나타내는 역량구역에 해당된다. 중소기업청, 도청, 시청, 지역 대학, 각종 지역 산업진흥원 등이 바이오 기업 활동을 서로 다른 역량을 가지고 적극적으로 지원 육성하는 입장에 있다. 둘째, 공동의 지역적 입지를 공유하고 있는 주체들로 구성되어 있는 집적/지역 산업 클러스터로 정의해 볼 수도 있다. 특정 지역을 관청, 대학, 바이오 기업들이 공유하고 있기 때문이다. 혁신 주체들이 가치사슬산업 클러스터의 일정부분을 공유하고 있는 모습이다. 셋째, 상호 연관된 기업과 산업의 집적에서 발생하는 긍정적 외부성이 산업지구를 발전시킨다는 의미에서 산업지구에 해당될 수도 있다. 넷째, 부가가치 생산사슬에서 서로 연결된 독립 기업(전문공급업자 포함)들의 생산 네트워크, 대학, 연구소, 지식 집약사업 서비스, 중계기관(브로커, 자문) 들이 가치사슬을 공유하고 있는 산업 클러스터일 수도 있다(Oerlemans1 2001; 이성근 2001; 이영덕 · 김정식 2003. 8).

〈표 3-1〉 클러스터의 정의

개념	정의
산업지구 (Industrial district, Marshall)	상호 연관된 기업과 산업의 집적에서 발생하는 긍정적 외부성이 산업지구를 발전시킴. 외부성은 기업간 지식 확산, 지원산업의 전문 투입요소와 서비스, 지역이 보유한 다수의 전문인력 등 3가지 요인으로 발생함. 산업지구는 산개한 개별 단위의 단순한 합보다 큰 성과를 가져올 것으로 기대됨(Peneder 1999: 340).
개발과 성장축 (Development & growth poles, Perroux)	1천만 명 이상의 인구가 집중함으로써 외부 규모의 경제를 획득하고, 성장 산업 주위에 밀집된 산업군을 구성함.
발전구역 (Development blocks, Dahmen)	다멘(Dahmen)은 기업과 산업 간 상호 의존성이 새로운 지식의 확산을 촉진하고, 강력한 네트워크에서 새로운 산업 활동이 지속됨을 강조함. 세계적인 경쟁력을 보유한 기업의 존재가 전체 네트워크의 결속력을 강화시킴(NUTEK 1999: 13).
역량구역 (Competence blocs, Eliasson)	역량구역이라는 용어는 서로 특정 제품의 개발과 상용화를 도와주는 여러 가지 상이한 역량이 있음을 가리킬 때 사용됨. 엘리아슨(Eliasson)은 역량구역을 구성하는 중요한 주체들(고객, 혁신가, 기업가, 벤처 캐피털리스트 등)을 지역에서 찾고 산업개발을 위해 협력해야 한다고 주장함(NUTEK 1999: 22).
집적/지역산업 클러스터 (Agglomerations/ regional industry cluster)	공동의 지역적 입지를 공유하고 있는 주체들로 구성되어 있는 클러스터 지역(region)은 대도시 지역(area), 노동시장, 기타 기능적 경제단위(economic unit)라고 정의됨.
산업 클러스터 (Industry cluster)	클러스터 진입 자체가 개별 기업의 경쟁력에 중요하게 작용하는 기업과 비영리 기관의 집단. 구매자-부품제조업자 간 관계, 공통 기술 · 구매자 · 유통 채널 혹은 노동자 풀이 클러스터를 결속시킴(Enright 1997: 191)."
가치사슬산업 클러스터 (Value chain industry cluster)	가치사슬 클러스터는 투입-산출 혹은 구매자-공급자 사슬이 확대된 산업 클러스터임. 부가가치 생산사슬에서 서로 연결된 독립 기업(전문공급업자 포함)들의 생산 네트워크. 대학, 연구소, 지식 집약 사업 서비스, 중계기관(브로커, 자문), 소비자와의 전략적 제휴도 클러스터에 포함됨(OECD 1999: 9).

자료: Catherine Beaudry and Peter Swann(1999), Clusters, Innovation and Growth: A comparative Study of Two European Countries

3) 클러스터/산업 네트워크/산업 시스템과 국가경쟁력

클러스터가 학자들과 정책입안자들에 의해 관심을 받기 시작한 것은 상당히 오래되었다. 1890년 알프레드 마샬(Alfred Marshall)은 『경제원론(*Principles of Economy*)』에 게재한 '전문화된 산업입지의 외연성'이라는 글에서 최초로 클러스터라는 용어를 사용하였다. 마샬은 19세기 말 영국의 셰필드와 랭커셔 지역의 산업발전을 바라보면서, 동일지역 내의 집적된 산업단지에서 대량생산의 이점이 발생한다는 것을 발견했다. 그는 이를 '집적화에 따른 규모의 외부경제'라고 표현했다. 특정 지역에 동일업종의 기업들이 집적하여 근접성의 효과가 발생하고, 이를 통해 개별 기업이 경제적 효과를 누릴 수 있다는 것이다. 포터(M. Porter)는 기존 연구자들이 클러스터의 특정 단면 혹은 특정 유형만을 바라보는 한계에서 벗어나 클러스터를 광범위하고 역동적인 경쟁이론에 접목시키는 작업을 수행하였다(Porter 2001). 포터는 국가 그 자체가 경쟁력이 있다기보다는, 경쟁력을 보유한 산업의 집적체로 구성된 국가가 경쟁력이 있다고 주장함으로써, 한 국가 내 클러스터/산업 네트워크/산업 시스템의 중요성을 강조하였다.

4) 신지식산업과 클러스터

첨단지식산업일수록 산업 클러스터는 기업의 경쟁 우위에 중요한 영향을 미친다. 혁신 구성원이 네트워크화되어 창출하는 시너지 효과가 기업 및 산업경쟁력의 원천이기 때문이다(Gordon & McCam 2000). 신지식산업시대에는 클러스터가 발전된 지역일수록 부가가치와 성장성이 높아 국가경제에 큰 영향을 미치기 때문에 선진 각국의 정부가 나서서 관련 환경조성을 위한 노력을 적극적으로 기울이고 있다. 과거에는 클러스터들이 자연적으로 조성되었지만 이제는 클러스터가 곧 산업경쟁력이라는 인식 하에 많은 나라들에서 인위적 클러스터 구축에 힘쓰고 있다.

3. 바이오 클러스터의 성격

하이테크 바이오 기업일수록 바이오 관련 기업들이 집적된 지역에 위치한 기업의 성과는 일반적으로 집적도가 낮은 지역에 위치한 기업보다 높다. 그래서 최근 바이오 산업은 첨단 기술로 무장한 바이오 벤처 기업의 급속한 증가와 함께 지리적으로 집적하는 클러스터 생성현상을 보이고 있다. 바이오 기업들은 인력, 기술, 자금 등의 조달과 인프라 이용에 유리한 지역에 위치한다. 생산성 향상과 함께 클러스터 내 경쟁을 통해 급속하게 변화하는 사업환경에 빠르게 대처할 수 있기 때문이다. 바이오 클러스터의 중요한 특성은 다음과 같다(이영덕 · 김정식 2003).

1) 산학협동이 중요한 바이오 산업

바이오 분야에서 클러스터가 기업을 유인하는 요인을 산업부문간 연계와 과학 기반-산업부문 간 연계의 두 가지 형태로 구분할 수 있다. 전자는 산업구조가 제공하는 전문화된 투입요소를 얻기 위한 연계이며, 후자는 전문인력을 확보하기 위한 연계이다. 이들은 미국의 바이오 산업 진입 유인요인을 조사하여 전자보다는 후자, 즉 과학 기반-산업부문간 연계가 강하다는 것을 증명하였다.

2) 대학, 연구소가 비전 제시

연구소, 대학 등 연구기반이 바이오 클러스터의 비전 제시자 역할을 하고 있다. 대표적인 바이오 클러스터인 미국의 보스턴 지역, 영국의 남동 잉글랜드 지역 등에는 MIT, 하버드, 케임브리지 등 유명 대학이 많다(Anthony Arundel & Aldo Geuna 2001).

3) 스타 기업의 존재

유명 바이오 클러스터에는 성공한 스타(선도) 기업이 존재한다. 샌프란시스코 베이 지역에 제넨테크, 샌디에이고에는 하이브리테크, 보스턴 지역에는 바이오젠이 있다. 이들 스타 기업들은 클러스터 내의 우수한 과학적 지식과 기업문화를 결합하고 수많은 기업을 분사하여 클러스터 발전을 위한 기반을 조성하였다.

4) 면 대 면(face to face) 의사소통을 통한 첨단기술의 거래

첨단바이오 기술의 발전 및 상업화는 면 대 면(face to face) 의사소통을 통해 이루어진다. 고급기술은 원거리통신보다는 은밀하고 직접적인 접촉을 통해 교류되므로 클러스터 내에서 이루어지는 것이 편리하다(Camagni, R. P. 1991).

5) 소기업과 대기업의 수평적 협력관계

바이오 클러스터에서는 바이오 벤처 등 소규모 기업이 핵심적인 역할을 한다. 대기업과 중소기업은 수직적 하청관계가 아니라 동등한 협력 파트너로서 협력과 경쟁을 한다.

6) 암묵적 지식 확산의 촉진

클러스터 내 지리적 인접성이 암묵적 지식의 확산을 촉진한다. 암묵적 지식 이전비용은 거리에 비례하여 증가한다.

7) 연계와 협력

연계와 협력이 활발하게 진행된다. 대기업과 바이오 벤처 기업 간의 전략적 제휴는 신약개발기업에 특히 중요하다. 복잡한 규제절차의 통과, 제품 제조 및 마케팅 비용 등 신약을 개발하기 위해 소요되는 기간은 약 10년 이상, 비용은 2억 달러를 초과하기 때문에 소규모 기업들은 감당할 수 없다. 대기업도 하이테크 신약개발기술을 바이오 벤처 기업으로부터 연계 받아 개발하는 것이 자체 개발보다 훨씬 효율적이다.

8) 교육, 문화 등 삶의 질이 중요요인

하이테크 바이오 산업은 기존의 제조산업과는 달리 대규모 토지나 용수 등을 요구하지 않아 특정 공단에 있을 필요는 없다. 오히려 지식자본을 유인하기 위해서는 해당 지역의 삶의 질이 중요한 요소가 된다. 따라서 교육시설, 문화시설, 쾌적한 자연한경 등 전문인력들을 유인할 수 있는 주거환경이 매우 중요한 요인으로 작용한다.

4. 바이오 클러스터의 조성 붐

20세기 끝 무렵부터 바이오 산업에서는 하이테크 기술이 고도로 발달하고 기업간 경쟁이 심화되면서 가치사슬의 분화와 아울러 기업간 제휴, 네트워크 구축이 활발해지고 있다.

목표(Target) 발굴에서 임상, 생산 및 마케팅 등에 이르는 비즈니스 공정이 하나의 통합된 기업에서 이루어지던 것이 이제는 각 세부 공정별로 전문화된 기업이 생겨나면서 일련의 기업들이 하나의 가상 기업 혹은 커뮤니티 형태를 이루고 있다. 이와 함께 특정 지역에 바이오 테크 관련 기업들이 모인 이른바 '바이오 클러스터(Bio-Cluster)'의 바람이 거세지고 있다. 북미와 유럽의 선진국들은 이러한 추세에 따라 이미 오래 전부터 바이오 산업을 발전시키기 위해 바이오 클러스터 조성 전략을 추진해 왔다(OECD 2001; Seline 2002).

바이오 클러스터가 활발히 형성되고 있는 지역의 공통점은 세계적 수준의 연구소와 설비, 숙련된 인적 자원, 강력한 사업 네트워크, 자금 등을 원활하게 제공받을 수 있는 곳이라는 점이다. 이러한 특징은 새로운 비즈니스에서 오는 위험을 최소화할 수 있는 사업환경을 만들어 줌으로써 바이오 기술 관련 기업과 투자자들을 유인하고 있다.

1) 미국

바이오 기술 분야에서 선두를 달리고 있는 미국의 경우 현재 샌프란시스코 베이 지역, 보스턴, 샌디에이고 등 세 지역이 성공적인 바이오 클러스터로 두각을 나타내고 있다. 이들 지역에 미국 바이오 테크 기업의 약 30% 가량이 밀집되어 있다. 미국에서는 그 이외에도 매릴랜드, 버지니아, 로스

앤젤레스, 뉴욕, 필라델피아, 시애틀 등에서 수십 개의 바이오 클러스터가 성장하고 있다.

2) 영국

미국 다음으로는 영국이 가장 발달한 바이오 클러스터를 가지고 있다. 영국도 1999년에 "Biotechnology Cluster"라는 보고서를 발표하면서 케임브리지, 옥스퍼드 등 10개 지역에 바이오 클러스터를 조성해 오고 있다. 영국에는 유럽 바이오 기업의 20% 이상이 소재하고 있다. 영국에서는 복제양 돌리로 유명한 로슬린(Roslin) 연구소를 비롯하여 13개 대학 및 연구소가 위치한 스코틀랜드 지역의 바이오 클러스터가 대표적이다. 스코틀랜드 지역에는 2004년 현재 500개 이상의 관련 기업 및 조직이 있으며 고용인력만도 2만 5천 명을 넘고 있다. 최근에도 매년 30% 정도로 입주기업이 증가하고 있어 유럽 전체 바이오 기업 증가율 17%를 훨씬 능가하는 빠른 성장세를 보이고 있다. 또한 유럽의 주요 5개 벤처 캐피털 중 2개가 이 지역에 자리잡을 정도로 바이오 클러스터의 성장이 활발한 지역이다.

3) 독일

독일은 미국, 영국 등에 뒤진 바이오 테크 산업을 육성하기 위해 BioRegio 프로그램을 통해 지역간 경쟁을 유도하여 바이오 클러스터를 정책적 차원에서 조성하고 있다. 독일 내 17개 지역에 클러스터를 만들어 경쟁시킨 결과, 뮌헨, 하이델베르크, 콜로네 등이 우수 지역으로 선정되기도 하였다. 독일은 기술을 공급하는 대학과 연구소, 기업, 벤처 캐피털 등의 유기적 체계 구축을 통해 단기간 내 유럽 바이오 산업의 선두로 나설 계획을 가지고 있다. 독일은 2004년 현재 400개 이상의 바이오 기업을 보유하고 있어 유럽에서 가장 많은 바이오 테크 기업을 보유한 국가이다.

4) 기타 국가

스위스, 캐나다, 아일랜드, 오스트레일리아 등 세계 각국에서 바이오 클러스터 구축이 한창이다. 특히 덴마크, 싱가포르, 인도, 오스트레일리아, 이스라엘 등에서는 정부의 직접 지원 하에 적극적으로 바이오 클러스터를 조성하고 있다.

5. 바이오 클러스터의 성공요인

1) 성공요인분석과 국내 바이오 클러스터

세계적으로 바이오 클러스터 형성이 한창이다. 국내에서도 춘천을 비롯한 16개 지구가 바이오 클러스터를 구축하고 있다. 과연 국내에서는 어떤 바이오 클러스터가 성공할 수 있을까? 춘천은 성공할 수 있을까? 그 성공 가능성은 알기 힘들다. 지금까지 나타난 바이오 클러스터 성공요인분석연구들은 대부분 세계적으로 성공한 바이오 클러스터를 연구대상으로 하고 있기 때문이다. 세계적으로 성공한 바이오 클러스터는 대부분이 의약품개발 클러스터로서 세계 최고 수준의 기술과 자본을 바탕으로 한 지역들이므로 태생적 환경과 지향하는 바가 기능성 식품 등을 주종 산업으로 하는 국내의 바이오 클러스터와는 많이 다르다. 의약품개발 클러스터가 아닌 낮은 수준

(low-grade)의 바이오 클러스터는 현재 그 형성과 성공 여부를 실험중이다. 따라서 현 시점에서 국내 바이오 클러스터의 성공 가능성과 성공요인을 이야기 하기는 쉽지 않다. 다만 대부분이 초기단계이므로 태생적 환경보다는 혁신 구성원의 후천적 노력에 따라 결과가 상당히 달라질 수 있을 것이라는 생각은 해 볼 수 있다. 한국에 산재한 초기 바이오 클러스터들도 이제 실험을 시작한 셈이다. 최소한의 정책기준을 생각해 보기 위해 그동안 연구되어 온 바이오 클러스터의 성공요인들을 간단히 소개해 보도록 한다(Alan Barrell 2002; Anastasios Karamanos 2002; Andreas Pyka and Paolo Saviotti 2001).

2) 일반적 성공요인

일반적으로 이야기할 수 있는 바이오 클러스터 성공요인은 혁신주체의 리더십, 선도기업의 존재, 스타 기업의 탄생, 높은 수준의 연구기반, 산 · 학 협동을 비롯한 잘 정비된 네트워크, 풍부한 자본, 기업문화/기업가 정신, 소프트웨어 인프라 정비, 풍부한 우수 인력 등을 들 수 있다.

(1) **영국과학기술청**(1999)

생명공학 클러스터 육성을 위한 요소로 과학 기반, 창업문화, 성장 기업의 존재, 인재유인요소, 인프라 정비, 원활한 자금 조달, 비즈니스 서비스, 숙련 노동자, 네트워킹 활동, 정책 지원 등 10가지를 제시했다.

(2) **보스턴컨설팅그룹**(2001)

특정 분야에서 기술력을 집중한 우수한 연구기관 및 지원기관, 과학과 산업 간 기술 및 노하우 이전, 벤처 기업과 연구결과의 산업화 지원을 위한 벤처 캐피털, 인프라(실험실, 생산시설, 사무실 공간, 편리한 교통), 우수한 연구인력 및 지원인력, 호의적인 정책환경 등 6개 요인을 제시하였다.

(3) 기븐스(1998)

첨단기술지역의 10가지 특징으로 우수한 대학과 연구센터, 시장성 있는 아이디어와 제품을 가진 기업가, 기업 엔젤과 중견 종자기금, 초기 벤처 캐피털, 성공적인 대기업의 중심적 역할, 품질관리팀과 재능, 우호적 인프라, 기업성장을 위한 적합한 공간, 자본시장에 대한 접근력, 매력적인 주거환경과 시설 등 10가지를 제시하였다.

(4) SRI International(2002)

첨단산업 클러스터의 성공요인을 경제적 기반과 삶의 질이라는 두 가지 측면에서 분석하였다. 경제적 기반차원에서 숙련된 인적 자원, 기반기술에 대한 접근성, 새로운 벤처와 기존기업의 확장, 금융자본의 가용성, 교통, 에너지 등 첨단 인프라의 지원, 호의적인 규제와 세제구조, 삶의 질 차원에서 좋은 날씨, 낮은 범죄율, 짧은 출퇴근 시간, 문화적 혜택, 잘 발달된 운동시설을 성공요인으로 제시하였다.

(5) OECD(2000)

첨단 바이오 클러스터의 성공을 도모하기 위한 개발 전략적 측면에서 중소기업이나 벤처 기업에 중점을 두어야 하며, 반드시 클러스터와 관계를 가지고 있지 않더라도 일반적인 기업환경 개선 노력, 세금정책 검토, 규제 검토, 서비스 비용 절감, 행정절차 간소화 등이 필요하다고 지적하였다.

(6) 미국 바이오 산업협회(2002)

대학, 대형 공공/민간연구기관, 제약기업 등의 존재, 다수의 고학력 숙련 노동자, 높은 삶의 질, 합리적인 환경 규제, 안전한 식수원, 훌륭한 하수시설, 그리고 안정적인 전력공급을 중요 요인으로 제시하였다.

〈표 3-2〉 바이오 클러스터 성공요인분석

성공요인	영국과학 기술청(1999)	기븐스 (1998)	SRI (2002)	미국 BIO (2002)	고유상 (2003)	BCG (2001)
강한 연구기반	◎	◎	◎	◎	◎	◎
우수한 전문인력	◎	◎	◎	◎	◎	◎
풍부한 자본(금)	◎	◎	◎		◎	◎
혁신적 기업문화	◎					
잘 발달된 인프라 (기업기반, 교통 등)	◎ (기업기반)	◎ (기업기반)	◎ (기업기반)	◎ (전력, 하수)		◎ (기업기반, 교통)
호의적인 법률/ 세제 제도	◎		◎	◎		◎
관련 산업의 집적	◎				◎	
활발한 네트워킹	◎				◎	◎
대규모 시장(조사)					◎	
선도자의 리더십 (기업/경영자)		◎			◎	
법무 및 컨설팅	◎					

이영덕 · 김정식, "바이오 클러스터의 발전동인 탐색", 바이오 매거진 2003. 8

4장 우수 바이오 클러스터의 혁신사례

1. 샌디에이고 바이오 클러스터: UCSD CONNECT를 중심으로

IT산업발전계획을 수립하기 위해 세계적으로 가장 많이 벤치마킹하는 지역은 미국의 실리콘밸리이다. 한편 바이오 클러스터 벤치마킹을 하기 위해 가장 많이 언급되고 있는 지역은 미국 캘리포니아 남부에 있는 샌디에이고이다. 샌디에이고 바이오 클러스터는 산학협동의 가장 모범적인 사례를 보이면서 혁신적인 기술개발을 이룩했다는 점에서 어떠한 바이오 클러스터보다 특징과 장점이 많은 21세기형 바이오 클러스터이다(삼성경제연구소 2002; 복득규 외 2003).

샌디에이고가 세계 최고 수준의 바이오 클러스터가 되는 데는 이 지역의 뛰어난 경제, 자연 등 환경여건이 일정 부분 중요한 역할을 하였다(Palmintera

2000). 그러나 샌디에이고 이외에도 우수한 바이오 클러스터로 성장할 수 있었던 여건을 가진 유사지역은 무수히 많다.

왜 하필 샌디에이고가 바이오 클러스터의 선두주자가 되었는가? 그 해답은 혁신 구성원의 노력에 있다. 보다 구체적으로는 주체 세력의 헌신적 리더십과 긴밀한 네트워크가 그 핵심이었다. 즉 환경이 반드시 지배적 요건은 아니라는 것이다.

노력하면 주어진 환경 이상의 결과를 얼마든지 낳을 수 있다. 한국에서 태동하고 있는 바이오 클러스터는 그 환경적 여건이 세계적 기준에 비교하면 유리하지는 않지만 구성원의 노력 여하에 따라 얼마든지 좋은 결과를 만들어 낼 수 있다. 리더십, 산학협동, 그리고 긴밀한 네트워크 등 구성원의 노력에 의해 만들어지는 각종 성장 동력이 샌디에이고로부터 배울 수 있는 가장 중요한 요소이다.

1) 샌디에이고 바이오 클러스터 현황

(1) **지식산업 종사자들이 좋아하는 쾌적한 자연환경**

샌디에이고는 온화한 지중해성 기후를 가진 미국 캘리포니아 남부에 있는 도시로 지식산업 종사자들이 좋아하는 쾌적한 환경을 갖추고 있다. 야자수가 늘어선 거리이면서도 그렇게 덥지 않고, 습도가 낮은 최적의 기후조건을 가지고 있다. 도시 전역에 걸친 해안선의 풍광도 일품이다. 샌디에이고는 주민의 공동체 의식도 우수하다. 안전, 청결, 지역분위기, 공동체 의식 등을 기준으로 한 '미국의 살기 좋은 도시 톱10'의 하나로 선정된 적도 있다. 그 외에도 '윈드서핑하기 좋은 도시' 등으로 선정되는 등 미국인들이 가장 살고 싶어하는 도시 중의 하나이다. 미국인들이 은퇴하면 가장 살고 싶어하는 지역은 캘리포니아인데 샌디에이고가 그중에서도 최고의 인기 거주지역이다.

(2) 세계 최고 수준의 바이오 클러스터

샌디에이고 클러스터는 기업 수 및 투자금액 면에서 볼 때 미국 내 3위의 바이오 클러스터이다. 실리콘밸리와 보스턴 지역이 각각 1위와 2위인데 이 지역들은 대학, 연구기관, 자금, 인구 등에서 가장 좋은 환경여건을 가지고 있는 지역이다. 한편 샌디에이고는 비즈니스 환경이 최선이 아닌데도 자생적 노력을 통해 성장한 바이오 클러스터라는 측면에서는 최고로 꼽힐 수 있다. 또한 2000년 신시내티대학 주관으로 'BIOSTART' 프로그램이 조사한 미국 도시의 바이오 산업 경쟁력 평가에서는 3위를 차지했다. 특히 전문 서비스 공급자, 네트워크 등을 포함하는 소프트웨어 지원 인프라에서는 1위를 하였다.

Munroe,et al.(2002)는 미국 우수 바이오 클러스터들의 경쟁력을 여러 부문에서 비교 조사해 보았는데 이 조사에서 샌디에이고는 고급인력 및 네트워크 지원체제에서 아주 우수한 것으로 평가되었다(〈표 4-1〉 참조). 특히 네트워크는 혁신 주체의 리더십과 구성원의 노력에 의해서 만들어지는 후천적 인프라인 점에서 특별히 돋보인다. 한편 연구보조금, 밴처 캐피털 자금, 기업유지비용, 창업보육센터, 연구단지 조성 등 바이오 클러스터가 성장하는 데 필수적이라고 판단되는 다른 요소에서는 중간 정도의 평가만 받았다.

다른 지역과 비교하여 샌디에이고의 특별한 부분은 단연 네트워크이다. 네트워크는 소프트웨어적인 성격을 가지고 있으며 투자자금, 또는 주어진 환경 등에 영향을 받기보다는 혁신 주체의 리더십과 구성원들의 상호 관심에 더 영향을 받는다. 샌디에이고 바이오 클러스터는 다른 혁신자원들이 충분하지 않더라도 혁신 네트워크를 통해 상당히 좋은 결과를 도출해 낼 수 있다는 것을 보여 주고 있다.

〈표 4-1〉 미국 우수 바이오 클러스터의 경쟁력 비교

	샌디에이고	샌프란시스코	보스턴	N.C 연구 삼각지	메릴랜드	뉴욕	뉴저지
연구보조금	3	1	1	2	3	2	5
벤처 캐피털	3	1	2	4	4	2	3
고급인력	1	1	1	2	3	2	3
네트워크 및 지원체제	1	1	1	2	3	2	3
지역연구소 및 대학	2	1	1	2	3	2	3
기업유지비용	3	5	3	2	2	4	2
창업보육센터	5	5	5	5	5	5	5
연구단지 조성	3	5	3	3	1	2	5

주: 1 = 매우 우수, 5 = 매우 열악

자료: Munroe, et al.(2002), A Critical Analysis of the Local Biotechnology Industry Cluster-Counties of Alameda, Contra Costa,& Solano.

(3) 리더십을 바탕으로 한 성장

바이오 클러스터는 대부분 대학 또는 연구소 주도형의 신산업 클러스터이다. 미국 전역에 걸쳐 우수한 대학이 산재해 있다. 그렇다고 명문 대학이 있는 모든 지역에서 첨단산업 클러스터가 발전한 것은 아니다. 유독 샌디에이고 바이오 클러스터가 특별히 발전해 온 데는 UCSD(University of California San Diego: 샌디에이고대학) 총장을 1980년부터 16년간 역임해 온 리처드 애트킨슨(Richard Atkinson) 총장의 헌신적인 리더십이 핵심적인 역할을 했다. 사실 1980년대 초반만 하더라도 UCSD는 그렇게 주목받는 명문 대학이 아니었다. 캘리포니아만 하더라도 스탠퍼드(Stanford)대학, UC버클리, UCLA(University of California Los Angeles), Caltec(California Technology Institute) 등 세계적인 명문 대학들이 많다. UCSD는 캘리포니아 내에서도 명문으로 인정받는 대학이 아니었다.

애트킨슨 전임 총장은 무명에 가까운 이 대학을 기초연구 및 산학협동

에서 세계적인 명성을 가진 대학으로 성장시켰다. 실리콘밸리가 있는 스탠퍼드대학과 NSF(Industry-University Coorperative Research Program at National Science Foundation)의 산학협동 경험을 통하여 대학과 산업협동(University-Industry Collaboration)의 중요성을 그는 이미 알고 있었다. 그는 우선 공학부를 신설하여 스타 교수들을 유치하고 학제간 공동연구센터들을 설립하여 기초연구를 활성화시켰다. 그리고 후일 샌디에이고 바이오 클러스터 발전에 핵심적 역할을 한 'UCSD CONNECT' 프로그램을 발족시켜 기업과 대학의 네트워크를 활성화시켰다. 그가 이룬 중요한 업적은 1) UCSD CONNECT의 창설 및 발전 2) 슈퍼컴퓨터 센터 유치 3) 공과대학(School of Engineering), 자기기록센터(Center for Magnetic Recording), 노화연구소(Institute for Research on Aging) 등의 설립 4) 연방정부의 연구비 수혜 최상위 5개 대학군에의 진입 등을 들 수 있다.

수잔 골딩 전 샌디에이고 시장 역시 샌디에이고 바이오 클러스터 발전에 중요한 역할을 하였다. 골딩 시장은 취임 이후 바이오를 비롯한 하이테크 산업 육성을 샌디에이고 경제발전을 위한 방법론으로 제시하고, 여러 가지 제도와 지원부서들을 만들어 클러스터 발전을 촉진시킬 수 있는 여건을 마련하였다.

(4) 그물망 네트워크

샌디에이고 바이오 클러스터의 가장 큰 성공요인 중 하나는 거미줄같이 촘촘한 네트워크이다. 마이클 포트 교수가 주장한 지역혁신 성공요소 중 가장 중요한 것이 혁신 주체의 핵심역량과 혁신 구성원 간의 네트워크이다. 클러스터 구성원의 핵심역량을 개별적으로 향상시키는 데는 장구한 시간과 노력이 요구된다. 그러나 그 구성원들의 역량을 연결하는 네트워크가 잘 되어 있으면 시너지 효과를 산출하여 개별 핵심역량의 향상과 함께 클러스터의 발전을 가속화할 수 있다.

핵심역량은 주어진 조건에 가까운 반면 네트워크는 만들어 가는 여건이라고 할 수 있다. 우리나라에서는 과거 공단시설뿐만 아니라, 테크노 파크 등 최근에 만들어진 대부분의 집적시설에서도 핵심역량에만 집중했다. 그중에서도 하드웨어적 핵심역량 구축에 주력했다. 이제는 소프트웨어적 핵심역량 향상과, 핵심역량을 상호 상승시키는 네트워크 구축에 주력할 필요가 있다.

샌디에이고 바이오 클러스터의 네트워크는 세계적인 벤치마킹 대상이다. 〈표 4-2〉에서 보는 바와 같이 네트워크의 종류도 수십 가지이다. 그중에서도 샌디에이고 바이오 클러스터 성장에 가장 핵심적 역할을 해 온 네트워크로는 단연 UCSD(University of California San Diego)의 'CONNECT'를 들 수 있다. 'CONNECT'는 UCSD에서 개발된 하이테크 기술을 활용하여 창업하고 발전시켜 나가는 데 필요한 자금, 인력, 기술, 경영 등 다양한 측면에서의 지원 시스템을 잘 갖추고 있다. 근자에 와서는 대학 외부의 기업들과도 활발히 교류 시스템을 구축함에 따라 명실 공히 샌디에이고 바이오 클러스터의 핵심 네트워크로 자리잡고 있다.

두 번째로 중요한 역할을 하는 네트워크로는 'BIOCOM'을 들 수 있다. 'BIOCOM'은 지역의 바이오 기업들이 연합하여 공동의 관심사를 해결하는 교류단체이다. 신약, 의료기기, 바이오 농업 등 각종 바이오 관련 기업들의 연합체로서 회계, 재무, 법률, 마케팅 등 경영 전반에 걸친 제도의 이슈화, 제조생산기술 지원, 기술교류, 국제상거래 등 경영 전반에 걸친 내용들을 회원사에 서비스한다. 또한 지원기관에 대한 정책적 압력단체로서의 구실도 한다.

샌디에이고에는 'CONNECT'나 'BIOCOM' 이외에도 수많은 교류모임이 공식 또는 비공식으로 대학, 연구기관, 기업, 관청들 사이에 존재한다. 교류모임의 밀집도는 전세계 어느 지역에 비교해도 월등하다. 이렇게 교류모임이 활발하다 보니 클러스터의 성장과 함께 기업간 거래인 B2B 거래가 많이 생기게 되었다. B2B 거래에서는 교역조건뿐만 아니라 신뢰관계가 대단히 중요한데 신뢰관계는 이미 활발한 교류모임을 통해 자연스럽게 형성되기 때문이다. 샌디에이고 바이오 기업의 1/3이 지역 내에서 기술이나 제품을 판매하고 있다. 이들 기업은 친구이자 수요자 및 공급자

〈표 4-2〉 샌디에이고 바이오 클러스터의 주요 네트워크들

단체명	설립연도	설립 주체	역할
UCSD CONNECT	1985	UCSD & SDREDC, 후원기업회원	• 산학협력, 하이테크 기업의 네트워킹 · 홍보 · 로비 · 창업지원 • 세미나, 기업 파트너링 포럼, 각종 시상, 인력교류 포럼, 네트워킹 모임, 정책건의 등을 주관
SDCC-CACT (San Diego City College-The Center for Applied Competitive Technology)	1990	US EDA (Economic Development Administration)	• (특허) 소기업들의 생산기술과 노동자 기능의 향상을 지원 • 생명공학 기업을 위한 기기사용 등을 교육하는 'Biolb' 등 하이테크 기업의 '기능인력'에 대한 기능교육에 중점
SBAB (Small Business Advisory Board)	1982	샌디에이고시	• 샌디에이고시의 소기업 육성에 관한 시장 및 시의회의 조언 기관 • 소기업 육성과 관련된 법령, 제도, 절차에 대한 제언
SDREDC (San Diego Regional Economic Development Corportation)	1965	샌디에이고 시청 및 지역사회	• 지역의 (소기업)하이테크 산업 발전계획을 주도— 'Team San Diego' 프로젝트 • 주요 산업 및 연구기관의 지역 유치, BIOCOM 등 지역협회 지원, 각종 기업운영에 대한 무료 조언, 지역의 이미지 제고를 위한 홍보
MIT Enterprise Forum	1985	챈들러(US SBA)& UCSD CONNECT	• MIT 50K Awards(MIT의 학생창업 경진대회)을 벤치마킹하여 창업기업에 대한 조언 · 도움 · 교육을 제공 • 세미나, 사례발표, 창업 클리닉, 사업계획, 워크숍 등을 주최

SANDAG (San Diego Association of Government)	1972	캘리포니아 주법에 의거	• 샌디에이고 카운티 내 18개 시청 및 카운티 정부의 의사결정 포럼으로 법적인 효력을 가지는 단체 • 샌디에이고의 지역개발전략과 자원배분 및 정보공유 등 공동 관심사에 대한 컨센서스 마련, 산업의 거시적 흐름에 대한 모니터링
BIOCOM	1991	맥그로 & 오터슨	• 240여 개 바이오 관련 기업회원으로 구성 • 지역바이오 기업의 대변인 역할—정책 제안, 정보수집, 각종 세미나·포럼·조찬회 등 주최
SanMEC (San Diego Manufacturing Extension Center)	1997	NIST(국립 표준 및 기술연구소)	• 지역 소기업에 대한 제조기술 및 경영 컨설팅 제공—제조기술 현대화, 사업계획작성, 재정 및 자금획득지원, 노동자 교육

자료: Diane Palmintera et al., Developing High-Technology Communities: San Diego, Innovation Associates Inc, 2000. 복득규 외(2003), 『한국산업과 지역의 생존전략 클러스터』, 재인용

로서의 관계로 그물망 네트워크를 구성하기 시작했다. 이른바 '기본 매출'을 별도의 마케팅 비용이 거의 필요 없는 자신이 속한 집단 내에서 만들고 있는 셈이다.

교류모임은 다른 형태의 사업기회도 곧잘 제공한다. 쌓인 신뢰를 바탕으로 합병이나 M&A도 쉽게 이룰 수 있다. 2002년 시케놈(Sequenom)이 바이오 테크놀로지(Bio Technology)를 합병했는데 그 이면에는 두 회사의 경영진이 교류모임을 통해 개인적 친분을 쌓은 것이 큰 도움이 되었다고 한다.

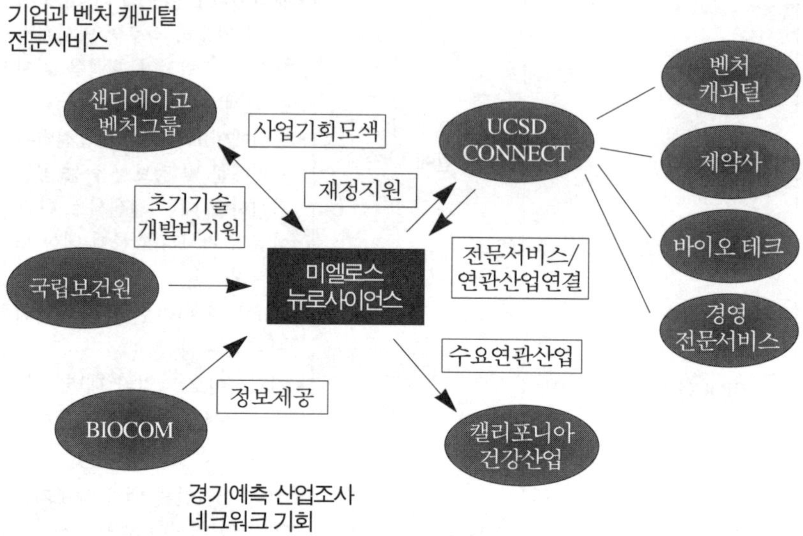

[그림 4-1] 미엘로스 뉴로사이언스사의 창업성장 네트워크

자료: 복득규 외(2003),『한국산업과 지역의 생존전략 클러스터』

• 네트워크를 통한 기업성장사례: 미엘로스 뉴로사이언스(Myelos Neuroscience)

미엘로스 뉴로사이언스의 사례는 대학의 실험실 벤처가 샌디에이고의 거미줄 네트워크를 통해 성장한 과정을 생생하게 보여 준다(Palmintera et al. 2000)[그림 4-1]. UCSD의 오브라이언 교수는 미국 국립보건원(NIH)에서 연구기금을 지원받고 대학의 연구시설을 활용하여 신경장애치료용 신약을 개발했다. 이 신약을 상품화하기 위해 미엘로스 뉴로사이언스를 설립하였는데 이때 UCSD CONNECT가 네트워크를 이용하여 벤처 캐피털 투자유치 등 여러 형태의 지원을 하였다 또한 BIOCOM과 같은 샌디에이고 지역사회의 네트워크도 투자유치 등 기업 성장에 대단한 도움을 주었다.

2) UCSD CONNECT의 성공

(1) 개관

① 샌디에이고 바이오 클러스터의 핵심 네트워크

샌디에이고 바이오 클러스터는 네트워크들을 통해 가속적으로 성장해 왔는데 그 네트워크들의 핵심에 UCSD CONNECT가 있다. 샌디에이고 바이오 클러스터의 성장과 함께 최근에 많은 네트워크가 생겼지만 UCSD CONNECT는 계속 이 지역의 바이오 산업에 중심역할을 하고 있다. 단순한 네트워크뿐만 아니라 창업보육센터, 컨설팅 등 기업의 창립부터 자금모집, 연구, 생산, 판매 등 기업이 일정 수준의 성장에 이르기까지 모든 부분에 걸쳐 직접적으로 또는 네트워크를 통한 간접적인 방법으로 지원해 주고 있다. 또한 샌디에이고 지역의 수많은 네트워크를 연결시키는 허브네트워크의 역할을 하고 있다.

② 세계 최고 수준의 산학 네트워크

CONNECT는 원래 UCSD 교수들의 연구성과를 거래하거나 벤처 창업을 할 수 있게 하기 위해 1985년에 대학 내에 설립된 산학연대 촉진 프로그램이다. 그 이후 각종 세미나, 조찬 또는 점심 모임, 전시회, 교류회의 개최, 자체신문 등을 통해 대학의 연구자들과 지역의 기업가, 자본가, 각종 단체들이 기술과 자금을 서로 교류할 기회를 제공하는 식으로 발전해 나갔다. 근자에 와서는 해외에도 CONNECT 교류 프로그램을 운영하여 샌디에이고의 지역기업이 세계적 네트워크를 접할 수 있는 기회를 제공하는 등 그 활동범위가 넓어졌다. 현재는 자타가 공인하는 세계 최고 수준의 산학 교류 네트워크로 인정받고 있다.

③ 하이테크 기업들의 창업성장 지원과 자금투자유인

CONNECT는 창업부터 성공 등 다양한 발전단계에 위치한 샌디에이고 기업들에게 맞춤식 서비스를 제공하고 있다. 연구 또는 사업 아이디어의 개발 및 교환, 새로운 사업기회를 모색하는 포럼, 산학관 또는 기업간의 교류 프로그램 활성화 등을 통해 시너지 효과를 극대화시켜 왔다. CONNECT는 창립 이후 현재까지 900개가 넘는 하이테크 기업들의 창업 또는 성장을 지원했다. 그리고 지금까지 11억 달러에 해당하는 자금투자를 유인했다. 이러한 성과를 내려면 UCSD와 유사한 수준의 대학이 열심히 노력한다는 전제 하에서 5개 이상 있어야 가능하다는 것이 통설이다. UCSD CONNECT는 네트워크 시너지 효과를 통해 UCSD의 하이테크 생명산업 능력을 최대화시킨 것이다.

④ 산학 관련자들의 긴밀한 유대가 성공의 핵심

CONNECT의 성공은 모든 관련자들을 친밀한 관계로 만들어 서로 도와주도록 하는 틀을 제공한 데 있다. 구성원들의 긴밀한 유대관계가 바로 샌디에이고 바이오 클러스터의 플랫폼이었다. 교수, 대학의 프로그램 운영자, 생명과학자, 사업가, 금융인, 마케팅 전문가, 회계전문가 들의 신뢰에 바탕을 둔 상호 유대관계를 만드는 것이 CONNECT의 가장 중요한 일이었다. 이러한 목적을 위해 CONNECT는 다양한 회합, 세미나, 포럼 등을 만들어 운영했다.

⑤ 수익창출을 통한 독자적 재정운용

CONNECT는 대학 또는 캘리포니아 주정부로부터 지원 없이 성장해 왔다. 현재 외부의 공식적인 지원 없이 회원료, 수강료, 컨설팅 수수료, 기부금 등 완전히 CONNECT 자체의 다양한 프로그램을 통한 수익으로 운영되고 있다.

⑥ 세계적인 벤치마킹 대상

CONNECT가 성공함에 따라 이 모델은 스코틀랜드, 덴마크, 노르웨이, 스웨덴, 핀란드 등 각국이 벤치마킹하였다. 이를테면 스코틀랜드에는 CONNECT가 1996년에 설립되어 현재 13개 대학과 많은 기업들이 네크워크를 형성하고 있다. 교수, 공무원, 투자자, 기업인 등 200여 명의 회원이 참석하고 있다.

(2) UCSD CONNECT의 성공요인

① 애트킨슨 총장의 리더십

애트킨슨 총장은 대학-기업 간 협력(university-industury collation)을 통한 지역발전의 중요성을 강조하여 CONNECT 프로그램 설립을 주도하였고 지속적으로 지원하였다.

② 지역 내 혁신인프라를 고려한 전략

샌디에이고 지역에서 상대적 우위에 있는 방위산업, 생명공학분야기업, 연구소, 대학 등의 전문인력과 연구개발역량, 비즈니스 지원 서비스, 투자자 등 혁신 주체에 맞는 산업분야를 선택하였다.

③ 신뢰를 바탕으로 한 네트워크의 자본화

CONNECT 네트워크에서 연구개발 관련정보 및 서비스 품질을 잘 유지 관리함으로써 '신뢰를 통한 사회적 자본의 형성' 이 가능했다. CONNECT의 각종 프로그램, 이벤트, 인적 네트워크 등이 신뢰를 형성함에 따라 정보전달과 교류 활동이 CONNECT를 통해 이루어지고, 이를 통해 연결을 통한 증폭 시너지 효과가 결과되었다.

(3) UCSD CONNECT의 발전역사

① 초창기(1983~1986)

• 자력성장모형의 개발

애트킨슨 총장은 UCSD에 부임한 이후 줄곧 산학협동의 시스템을 구축하려는 노력을 지속하였다. 초기부터 공과대학 설립 등 많은 노력을 했으나 큰 좌절도 있었다. 많은 노력을 기울인 국립연구소 MCC(Microelectronics and Computer Technology Corporation) 유치가 실패한 것이다. 1983년에 MCC 유치를 위해 미국 전역에서 57개 도시가 경합하였으나 최종적으로 텍사스주 오스틴이 유치에 성공하였다. 위기는 기회라고 했듯이 애트킨슨 총장은 MCC 유치실패를 계기로 다른 형태의 지역발전 돌파구를 생각하게 되었다. 그래서 스탠퍼드대학의 프레드 터만 교수가 주도하여 스탠퍼드 과학단지를 중심으로 우수기술기업을 육성시킨 사례를 벤치마킹하여 유사하면서도 샌디에이고에 적합한 기업성장 지원모형을 생각하게 되었다.

• 첨단산업의 신개념, 네트워크 연결구조를 통한 성장모델 'CONNECT' 창립

마침내 UCSD 총장, EDC(Economic Development Corporation) 소장, 및 UCSD Extension 원장이 CONNECT 창립을 발의하였다. 1) 연구그룹은 UCSD의 연구진 2) 산업자문그룹은 UCSD 교수로 재직하다가 창업에 성공한 퀄콤(Qualcomm)과 하이브리테크의 경영진 3) 비즈니스 서비스 그룹은 EDC가 담당하기로 했다. 1983년에 CONNECT가 창립되었으며 초창기부터 전통적 산업에서 사용하던 투입산출구조가 아니라, 새로운 개념인 연결구조를 통해 구성원의 핵심역량을 향상시키는 것으로 산학협동의 방향을 설정했다.

② 성장기(1987~1989)

기업가, 투자자, 연구자, 지역정부 등에 CONNECT의 존재를 알리면서

네트워크를 구성하는 데 주력한 시기이다. 후일 1990년대 중반에 마이클 포터 교수가 지역혁신의 가장 중요한 자산 중의 하나로 네트워크를 꼽아 세계적으로 네트워크 형성 붐이 일기 시작했는데 그 이전부터 이미 CONNECT는 네트워크형 조직으로 그 방향성을 정했다.

③ 가속적 성장기(1990~현재)

네트워크가 형성되자 대학의 연구성과가 창업으로 연결되고 기업화를 이루는 데까지 필요한 지원체제가 어느 정도 구축되었다. 이때부터 연구결과의 창업이 활발해지고 외부 전문가 및 투자자와의 연결 네트워크를 더욱 공고히 하면서 네트워크의 충실화를 통해 구성원의 핵심역량을 효율적으로 향상시키는 혁신 시스템이 구축되었다. 전문기관과의 파트너십을 기반으로 샌디에이고 지역 하이테크 및 바이오 산업 클러스터의 중추(Back Bone) 네트워크의 역할을 시작했다. 연결망도 세계적인 범위를 포함하기 시작했다. 그리고 이제는 세계 여러 지역에서 벤치마킹을 하는 선도적 산학 네트워크가 되었다.

(4) UCSD CONNECT와 다른 산학협력기관의 차이점

① 네트워크 연결구조를 통한 산학협동

전통적 투입산출구조가 아닌 연결구조를 통해 구성원의 핵심역량을 향상시키는 것으로 산학협동의 방향을 설정했다. Know-how와 Know-who를 가지고 연구자, 기업가, 투자자, 비즈니스 서비스 업체 등 '사람-기술-자금' 을 연결하는 것이 CONNECT의 핵심틀이다.

② 창업보육을 위한 하드웨어 지원 인프라가 없음

또한 일반적인 산학협력기관과는 달리 인큐베이트 등 창업공간을 제공하지 않고 네트워크에 의해서만 창업 및 성장을 돕는 등 물리적 공간을 필요로 하지 않는 형태이다.

③ 자립재정

'CONNECT' 는 주정부나 대학으로부터 별도의 지원 없이 수강료, 중개수수료, 세미나 참석료, 민간기부금 등으로 운영되고 있다. 다른 산학협력기관과는 달리 물리적 공간이나 설비를 지원하지 않으므로 하드웨어적 시설과 관련된 예산은 필요 없다. 그렇지만 네트워크 유지 및 발전을 위해 연간 1,700만 달러라는 적지 않은 예산을 사용하고 있다.

④ 기업 설립 이전단계부터 성장까지 폭넓은 지원

기업의 시작 및 성장단계는 1) 관련 주체간 교류증진 2) 활용성 높은 연구개발 촉진 3) 연구개발의 제품화 4) 기업발전단계로 분류해 볼 수 있다. 일반적 산학협력기관은 주로 후반부의 3) 연구개발의 제품화와 4) 기업발전단계에서의 지원에 치중하는 데 반해 CONNECT는 후반부의 3) 및 4) 단계뿐만 아니라 시작단계의 1) 관련 주체간 교류증진 2) 활용성 높은 연구개발 촉진 등도 활발히 지원하여 창업을 적극적으로 유도한다. 연구자와의 만남, 기업가와의 만남 등을 통해 창업 아이디어와 연구의 방향성을 설정하는 데 도움을 주고 있다.

(5) 성장과정별 지원 프로그램

CONNECT는 기업의 성장단계별로 다양한 지원 프로그램을 가지고 있다. 그리고 이러한 프로그램 대부분이 CONNECT의 인력이나 자금으로 이루어지기보다는 네트워크를 통해 연결된 외부의 프로그램들과 협력하여 이루어지고 있다. [그림 4-2]에서 보듯이 CONNECT는 기업의 발전단계를 1) 연구성과물을 가지고 있는 아이디어 단계 2) 종자돈 조달(seed funding)과 창업 3) 상업화를 목표로 한 제품개발 4) 두 번째 자금조달 5) 상업화된 제품 개발 후 제조 및 판매 6) 인수/합병(Merger & Acquisition) 7) 본격적인 성장 8) 증권거래소 상장(IPOS), 졸업(Spin-Outs), 세계화의 단계로 구분하고 있으며, 각 단계별로 적합한 육성 프로그램을 다양하게 갖고 있다.

(6) 대규모 분사를 통한 기여

① 초기 샌디에이고 바이오 클러스터 형성의 주축

샌디에이고 지역 바이오 기업의 40%가 UCSD로부터 분사(spin-off)된 것이다. [그림 4-3]은 샌디에이고 바이오 클러스터 초창기에 UCSD로부터 분사된 기업들의 계통도이다.

② 대규모 성공과 분사를 이룬 스타 기업

UCSD로부터 분사된 기업들 중 첫 번째이자 대규모 성공사례는 1978년 당시 UCSD에 재직중이었던 번도프 교수가 창업한 하이브리테크이다. 이 회사는 1986년에 엘리 릴리에 5억 달러에 성공적으로 매각되어 번도프 교수는 지역대학의 무명교수에서 일약 저명한 사업가로 변신했다. 그리고 하이브리테크 임직원이 설립한 기업만 45개 이상에 이를 정도로 이 회사는 샌디에이고 바이오 클러스터 발전에 큰 기여를 했다.

3) UCSD CONNECT 프로그램의 세부내용

CONNECT는 과학자들의 아이디어에서부터 자금모집, 보육, 성장 등 기업이 성숙되기 이전의 모든 지원 프로그램을 다양하게 가지고 있다. 지원 프로그램은 주로 네트워킹화, 교육, 컨설팅 등 다양한 분야에 걸쳐 있다. 중요한 것은 기업을 창업시키고 발전시키는 제반 자원을 CONNECT 내부의 역량에 의존하기보다는 대부분 CONNECT 외부와의 연결을 통해서 조달한다는 것이다.

따라서 대부분의 지원 프로그램이 전문가, 경영대학원, 기존기업인, 관청, 과학기술자, 변호사, 경영전문가 등 외부 지원자원과의 연결통로를 제시하는 것으로 구성되어 있다(http://www.connect.org, 2005).

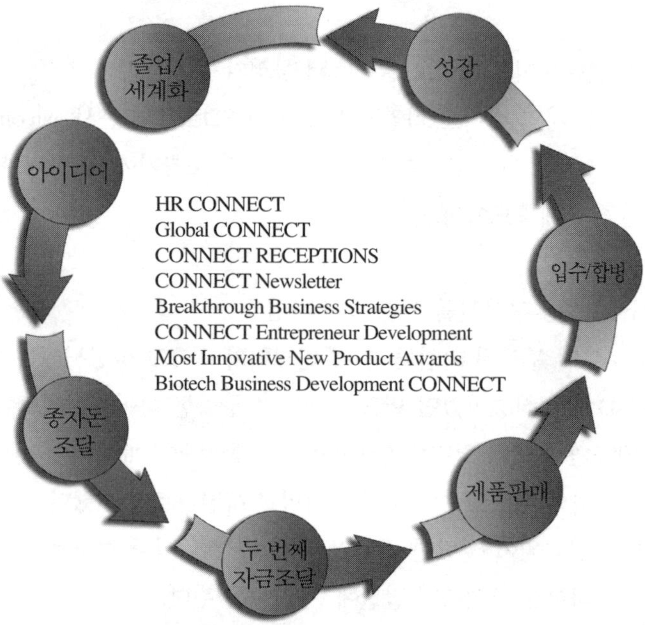

[그림 4-2] 아이디어에서 졸업까지

(1) CONNECT 101(CONNECT **가입설명회**)

CONNECT 가입을 안내하는 설명회(session)로 매월 1회 이상 무료로 개최된다. CONNECT의 운영진들이 참가하여 CONNECT에 가입함으로써 얻을 수 있는 여러 가지 혜택, CONNECT와 관련된 여러 가지 프로그램 등 전반적인 사항에 대해 설명한다. 예약을 해야 좌석을 보장받을 수 있다. CONNECT 101 설명회 이외의 시간에 CONNECT 운영진을 만나 설명을 듣고 싶으면 스케줄을 따로 예약해야 하는데 시간당 500달러의 서비스 수수료를 지불해야 한다.

(2) BBDC(Bio Tech Business Development CONNECT: **바이오 기술사업 발전 커넥트**)

샌디에이고 바이오 클러스터 내에서 바이오 사업을 하고 있는 CEO 또는 중역들의 모임이다. 1997년에 시작한 이 모임은 공식적인 교류 프로그램을 지속함으로써 관심 있는 사람들끼리 알아서 모이는 비공식모임을 촉진시키고 비공식적 정보의 교환을 자연스럽게 만든다. 비공식적 정보 교류를 위해서는 자주 만나야만 생성되기 쉬운 신뢰의 구축이 가장 중요하다.

(3) BBC(Breakthrough Business Strategies: **사업발전전략 수립 지원**)

창업단계를 지나면서 하이테크 바이오 사업은 기업으로서의 발전전략을 모색해야 한다. 특정 분야의 발전전략 수립을 위해서는 해당 분야 기술전문가 및 경영전문가, 경영전략 수립 전문가의 도움이 필요하다. 기업의 성장단계별로 사업전략을 수립하는 데 도움을 주는 프로그램이다.

(4) CCAT(Center for Commercialization of Advanced Technology: **하이테크 상업화센터**)

미 해군의 연구성과를 상업화하기 위해 만든 CCAT는 현재는 공공부분과 민간부분이 함께 파트너십 형태로 운영되고 있다. CCAT의 목적은 1) 정

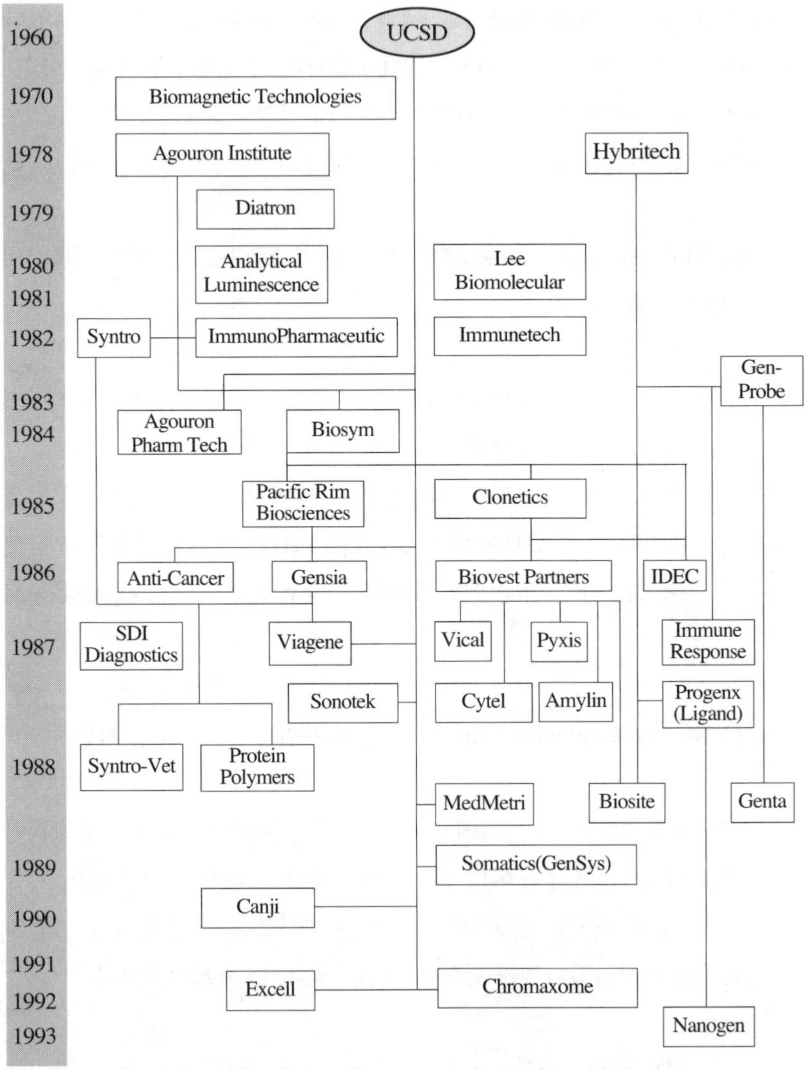

[그림 4-3] 초창기 UCSD로부터의 분사된 기업들의 계통도

자료: CONNECT, University of California-San Diego. 복득규 외(2003), 『한국산업과 지역의 생존전략 클러스터』, 재인용

부 또는 군사부문에서 개발한 하이테크 기술을 민간부문에서 상업화하고 2) 민간기업 또는 대학에서 개발된 기술을 군사부문에 접목시키고 3) 각종 학술 프로그램을 지원하고 4) 해당 지역의 경제발전에 이바지하는 데 있다. CCAT는 상업화를 목표로 한 민간부문과 군사부문의 전형적인 기술교류 프로그램이라고 할 수 있다. 민관합동 컨소시엄 형태의 CCAT는 하이테크 기술개발자, 국방부 그리고 상업화를 위한 시장간에 징검다리의 역할을 하고 있다.

의회(Congress)의 인준을 거쳐 국방성(Department of Defense)으로부터 1,000만 달러의 출연금을 받아 운영되고 있다. 주로 해군의 하이테크 분야와 민간기술 간의 상호 실용화 내지 상용화를 위해 교류역할을 하는 이 프로그램은 남캘리포니아 지역에서 네트워크를 가지고 활동하고 있는데 샌디에이고에서의 제휴 네트워크는 CONNECT이다. 중요 참가기관들은 다음과 같다.

UCSD CONNECT, San Diego State University, Foundation and Entrepreneurial Management Center, Jacobs School of Engineering, ORINCON Technologies, Inc., the Space and Naval Warfare Systems Center

(5) CONNECT Entrepreneur Development(기업가 양성교육 프로그램)

CONNECT와 UCSD 경영대학과의 연결 프로그램이다. UCSD 경영대학 외부인 교육 프로그램(extention)에서 하이테크 기업의 중역 또는 책임자들이 알아야 할 내용에 대해 협의회(Conference), 세미나, 2주 또는 한 달 단위의 단기 코스, 각종 프로그램 등 여러 가지 형태의 교육을 제공한다. 일반 경영대학의 학위 프로그램이 장기간 경영 전반에 대해 이론 및 실무교육을 제공하는 데 비해 CONNECT Entrepreneur Development에서는 단기간에 필요한 경영지식을 습득할 수 있도록 코스가 구성되어 있다. 단기 연수 코스의 예는 다음과 같다.

(6) Converging Technologies Conference Series(**집중신기술 컨퍼런스**)

새롭게 떠오르는 신기술을 습득하기 위해 주기적으로 개최되는 컨퍼런스이다. 2005년 현재는 주로 나노 기술(nanotechnology)에 집중하고 있다. 나노 기술은 수많은 응용이 이루어질 것으로 예상되는 원천기술이다. 머리카락 두께의 1/1,000보다 더 가는 선을 만드는 이 기술은 수많은 과학기술분야에서 혁명적인 변화를 일으킬 것으로 예상된다. 이 컨퍼런스에서는 나노 기술에 대한 아이디어를 교환하고 공동연구를 접속시키는 데 주목적을 두고 있다. 나노기술의 향상, 상용화, 제품화 등 나노와 관련된 모든 주제가 다루어진다. 나노에 대한 학술적 및 상업적 측면에서의 발표, 토의를 거쳐 참여자들이 함께 나노 기술의 가능성을 나눈다. 나노 기술을 가지고 있는 사람에게는 사업기회에 대한 아이디어를 제공하고 기존 사업자에게는 나노 기술을 자신의 영역에 활용하는 아이디어를 생각하게 하는 프로그램이다.

(7) Financial Forum(The Life Sciences and High-Tech Financial Forum: **생명과학 및 하이테크 재무 포럼**)

기업들에게 자본조달(funding)의 기회를 제공해 주는 포럼이다. 바이오 제약, 진단기기, 의료기기, 신약후보물질, 바이오 정보기술 등 생명과학분야의 신기술을 사업화하려는 개인 또는 기업들에게 자금줄을 연결해 주는 역할을 한다. 바이오 및 여러 하이테크 분야의 기업들에게 그들의 신기술을 벤처 캐피털, 산업전문가, 생명과학 및 하이테크 대기업의 투자자 또는 관계자들에게 소개하고 자본조달의 기회를 제공한다.

2004년도 한 해만 해도 샌디에이고 내 80여 개 기업들로부터 응모를 받아 심사 후 34개 기업들이 이 포럼에서 발표할 기회를 가졌다. 그리고 포럼에서 발표한 기업의 약 30%가 투자를 받았다. 심사기준은 1) 최소한 한 번 이상 벤처 캐피털 등 여타 기관으로부터 종자돈 투자를 받았어야 하고 2) 자본조달이 반드시 필요한 상황에 있어야 하고 3) 상용화 등 수익 창출이 가능한 하이테크 기술을 가지고 있어야 하는 조건이었다. 포럼 참가 기업들은 투자자로부터 평균 430만 달러의 자본조달을 받았다.

코스 주제(Course subjects)	날짜(Dates)
• 조직경영팀을 구축하는 방법 (Building an Organizational Management Team)	2005 1/14～2/4
• 벤처 펀딩 가능성을 용이하게 하는 방법 (Validating Venture Fundability)	2005 2/11～3/3

(8) Frontiers in Science(선도과학연구 강의)

산업현장에 종사하는 과학기술자들에게 기초원천기술의 움직임을 소개해 주는 강의이다. 강의는 일정한 간격을 두고 주제별 시리즈로 진행된다. UCSD, Salk, Burnham, Neurosciences Institute, TRSI 등 대학 내지는 연구소의 기초연구 과학자들이 강의를 담당한다. 현장의 과학기술자들은 자신의 상업적 영역에 기초기술을 접목할 기회를 탐색할 수 있다. 이를테면 2004년 12월 8일에는 UCSD CONNECT에서 강의가 열리며 강의내용은 UCSD TRM(Translational Medicine Program)을 전반적으로 살펴보는 것이다. TRM은 의학기초연구를 상용화가 가능한 의료기술로 전환시키기 위한 프로그램이다.

(9) Global CONNECT(글로벌 커넥트)

기업들에게 세계적인 네트워크를 가질 기회를 제공하는 프로그램으로서 외국에 있는 기술 또는 자금을 연결시킬 네트워크를 구축하는 기회를 제공한다. 국제적 파트너십을 통해 샌디에이고 지역의 기업발전과 경제활성화를 도모하는 데 그 목적을 두고 있다. 유럽 및 아시아의 첨단산업지역과 네트워크를 가지고 있어 지역간 협력연구 및 사업을 할 기회를 증진시키고 있다. Global CONNECT는 이와 같이 세계적 기술교환의 허브(hub) 역할을 함으로써 기업들이 세계적인 커넥션(connection)을 구축할 수 있도록 돕는 기구이다. 세계적 네트워크의 중요성에 대한 주의를 환기시키고 협력구축에 필요한 기본지식의 함양을 위해 수시로 포럼, 강의 등을 개최하고 있다.

Global CONNECT의 네트워크에는 기업, 지역개발조직, 관청, 투자자 등과 하이테크 생명과학기술자, 각종 프로그램 등이 국제적으로 연결됨으로써 네트워크 구성원들이 미국 지역뿐만 아니라 국제적으로도 협동연구, 투자, 원천기술 상용화 등을 위한 다양한 기회를 가질 수 있다. 중요 프로그램으로는 Annual Global CONNECT Meeting(연례회합), Global CONNECT Internship/ Fellowship program(인턴십/펠로우십 프로그램), Global CONNECT Financial Forum(재정 포럼) 등이 있다.

① Annual Global CONNECT Meeting

조직과 개인들의 면 대 면(face to face) 국제적 네트워크를 구축하기 위한 회합이다. 아무리 정보통신이 발달하더라도 이는 상호 의사소통의 보조수단에 지나지 않는다. 새로운 사업기회를 구축하려면 사람들이 직접 만남으로써 상호간 신뢰를 쌓아야 한다. 2003년도에 샌디에이고에서 개최된 회합에서는 전세계에서 60명 정도의 관계인들이 참석했다. 2004년에는 12월 13일에 영국 런던에서 개최되었다. 국제성을 강조하기 위해 가능하면 미국 이외의 장소에서 개최하는 것을 원칙으로 하고 있다.

② Global CONNECT Internship/Fellowship program

회원기업들은 전세계에 산재한 협력대학들로부터 학부, 대학원생, 박사 후과정생 등을 인턴십으로 공급받을 수 있다. 이 프로그램은 양질의 인재 확보수단으로 큰 기여를 하고 있다. 전세계의 인재 풀(Pool)을 활용하는 것이므로 우수한 인재들을 확보할 기회를 높이는 데 기여하고 있다. 이 프로그램은 샌디에이고 지역의 학생뿐만 아니라 외국 학생들도 외국에서의 새로운 시장, 기술, 환경 등을 경험함으로써 그들 자신의 능력을 향상시킬 기회를 가지게 된다. 인턴십 기간은 3주부터 1년에 걸쳐 다양하다.

회원기업은 외국 기업들에 근무하는 산업전문가들을 펠로우십을 통해 초대할 수 있다. 하이테크 바이오 기술에 대한 지식 나눔을 현장에서 할 수 있는 프로그램이다. 이 펠로우십 프로그램은 회원기업이 전세계에 걸쳐 최선의 산업전문가를 초청할 기회를 제공하고 있다.

③ Global CONNECT Financial Forum

샌디에이고 지역기업들로 하여금 샌디에이고 지역자본의 한계를 벗어나 세계에 걸친 투자자를 연결시켜 주는 프로그램이다. 어떤 식으로 국제적 자본을 유치하는가에 대한 기본 노하우도 교육한다.

④ Global CONNECT의 회원들

Global CONNECT 회원들은 북미와 유럽에 있는 기업 또는 연구소들로 구성되어 있으며 한국도 한 기관이 포함되어 있다. 국제적인 협력관계를 통해 각자가 속해 있는 지역의 하이테크 바이오 산업을 발전시키고 지역경제를 활성화하는 데 상호 도움이 되게 하는 것을 목적으로 하고 있다. 현재도 계속 회원기관을 모집하고 있으므로 한국의 테크노파크나 산업진흥원 등에서도 가입을 고려할 만하다. Global CONNECT의 창립 파트너는 다음과 같다.

· Atamo – Australia
· Australian Institute for Commercialisation – Australia
· BioPartners Cologne – Germany
· Canadian Consulate General – Canada
· CIAD - Mexico CICESE – Mexico
· Digiport – France
· The Eonomic Development Partnership of Alabama (EDPA)
· Gyeonggi Small and Medium Business Center – Korea
· GlobeLink LLC – USA
· Industrial Research Limiter – New Zealand
· INTEC – USA
· Institute for Information Industry (III) – Taiwan
· Integra International – USA
· Monash University –Australia
· New Economy Strategies – USA
· Nev Zealand Trade & Enterprise – New Zealand
· Oklahoma State University Cooperative Extension Service – USA
· Queensland Government Trade and Investment Office, The Americas – Australia
· Saxony Economic Development Council – Germany
· Science Center – USA
· South East England Development Agency (SEEDA) – UK
· State Government of Victoria – Australia
· Swenson Advisors – USA
· TechHarvest – USA
· UCR CONNECT – USA

(10) HR Exchange(인적 자원관리 및 리더십 교육)

UCSD 평생교육센터에서 제공하는 이 프로그램은 인사담당자 및 중역들에게 리더십 및 대인관계 필수지식을 교육한다. 중요 프로그램으로는 HR(Human Resource:인적 자원) Leadership Forum과 HR Speakers Forum이 있다.

① HR Leadership Forum

강의를 통해 기본이론을 익힌 다음 참여자가 개별적으로 가지고 있는 인간자원관리 및 리더십 관련 경험들을 토론을 통해 서로 나누는 장을 제공한다. 인간관계는 온갖 논리와 감정이 융합된 무질서의 관계라고도 할 수 있다. 따라서 교과서적인 이론과 혼자의 경험만으로 인적 자원관리체계를 잘 만들기는 힘들다. 혼자서 인간 자원관리 또는 자신의 리더십에 대해 고민하는 것보다 여러 명이 모여 서로의 경험을 나누고 해결책을 강구할 때 훨씬 체계적이고 현실적인 리더십, 자기표현방법, 인적 자원관리 시스템을 구축할 수 있다. 다양한 인사경험을 공유하기 위해 참가자는 가능한 한 다양한 산업으로부터 온 사람들로 구성한다. 이 설명회의 중요 내용은 다음과 같다.

- 여러 종류의 리더십을 살펴보고 자신의 리더십에 대한 통찰을 한다.
- 각자의 기업에 적합한 전략적 인사시스템을 맞춤식으로 구축해 본다.
- 전문가 양성을 하는 기법을 공부한다.
- 자신의 현장에 적용될 수 있는 아이디어를 다른 참가자로부터 구한다.
- 인적 자원을 발굴하고 접촉하는 네트워크에 연결하는 방법을 익힌다.

② HR Speakers Forum

CEO를 포함한 인적 자원 관리자는 효율적으로 의사소통을 할 수 있어야 한다. 이 포럼을 통해 인적 자원 관리자는 말하는 법과 말 듣는 법을 배운다. 전문강사의 지도 하에 참가자들은 서로 발표(speech)할 기회를 가지면서 의사소통능력을 향상시킨다. 개별 주제로도 발표하고 공통 주제를 가지고 토론도 한다. 사업에 필수적인 인간 네트워크 구축을 위해서는 의사소통능력이 필수적이다. 아침시간을 활용해서 6회에 걸쳐 설명회를 여는데 전체 참가비는 60달러로 저렴하다.

(11) Los Alamos National Laboratory(로스앨러모스 국립연구소)

UCSD CONNECT는 Los Alamos National Laboratory 기술이전부서의 협력을 구하여 과학기술자 또는 창업중인 기업의 기술평가 및 특허취득을 도와준다. Los Alamos National Laboratory는 연방정부 에너지부의 국가핵안전관리를 위해 캘리포니아대학(University of California)에서 운영하는 연구소이다. 이 연구소는 세계에서 가장 다양한 하이테크 연구분야를 다루는 것으로 유명하다. 연구분야는 바이오 과학, 바이오 기술, 초전도체 등을 포함하여 미래의 신산업에 사용될 하이테크 등을 총망라하고 있다. 정규직원 7,500명, 계약직원 3,200명, 연간 예산 2억 2,000만 달러, 2,300개의 개별 실험설비 등으로 나타나듯이 세계 최대 규모의 연구소이다.

(12) Most Innovative New Product Awards(**최고 혁신신제품상**)

그 해에 가장 뛰어난 신제품에 상을 주는 것이다. 아이디어와 기술을 얼마나 의미 있는 상품으로 만들었나를 기준으로 하여 평가하는 이 경진대회는 지난 17년간 실시되면서 무수한 스타를 배출했다. 우리나라의 발명품경진대회나 비슷하나 상품성이나 홍보 측면에서는 상당한 차이가 있다. 이 신제품경시대회는 지역기업들이 최첨단 하이테크를 선보이는 기회이기도 하다. 2003년도에도 100개 정도의 신제품이 응모하여 경쟁했다. 기술혁신(technology innovation)과 상상(imagination)의 경연장으로서, 샌디에이고 산업 클러스터 내에서의 가장 큰 축제이기도 하다. 2003년에는 상이 수여되는 점심축제(Festive Awards Luncheon)에 900명이 넘는 인원이 참가하였다. 많은 기업들이 고객, 파트너, 직원, 투자자들을 초대하여 함께 즐기는 축제의 장이다.

(13) SBIR Workshop(정책자금 획득을 위한 연구제안서 작성 워크숍)

기술개발자금 또는 정책연구비를 받기 위한 연구제안서 작성방법을 가르치는 워크숍이다. 제품의 상업성이 확실히 보장되지 않으면 금융기관의 자금을 투자받기는 무척 어렵다. 특히 초기의 최첨단 하이테크 바이오 기술은 그 실현 가능성이 아주 적기 때문에 벤처 캐피털로부터도 투자받기 힘들다. 초기 하이테크 바이오 기업으로서는 SBIR(Federal Small Business Innovation Research: 연방중소기업연구지원센터) 및 STTR(Small Business Technology Transfer: 소기업 기술이전사업소)의 기술개발정책자금을 받는 것이 기술개발에 큰 도움이 된다. 이 워크숍에서는 연구제안서를 어떻게 작성하고 발표하는가를 가르친다. 특히 SBIR에 있는 연구제안서 평가자의 관점에 초점을 맞추어 연구제안서를 작성해 볼 수 있다는 점에서 이 워크숍은 대단한 도움이 될 수 있다. 수시로 워크숍이 열리며 1회 참가에 회원은 115달러, 비회원은 145달러를 지불한다. 오전 8시30분부터 오후 5시까지 하루 종일 훈련을 받는다.

2004년 9월 23일의 워크숍 제목은 "How to Prepare Winning Proporsals for SBIR and STTR"이었다. 강사는 연방정부의 에너지부(Department of Energy)에서 SBIR과 STTR 프로그램을 책임 있는 위치에서 관리자(manager)로서 운영했던 경력을 가지고 있다.

① SBIR

1982년 제정된 Small business Innovation Development Act(소기업기술혁신촉진법)에 의해 중소기업들이 자신의 기술을 개발하고 그 기술의 상용화를 통해 혜택받을 수 있도록 하기 위해, 경쟁을 통해 기술개발자금을 제공하는 연방차원의 기관이다.

② STTR

정부차원의 기술연구 및 촉진분야에서 중소기업이 자금조달을 할 수 있도록 하는 프로그램이다. 21세기 국가차원의 과학과학기술개발을 위해 소기업과 국가의 공적 기관이 협력연구를 할 수 있도록 한다. 중소기업과 국가의 공적 기관이 협력연구사업을 하게 하는 프로그램이다.

(14) SD TCA(San Diego Tech Coast Angel: **샌디에이고 엔젤**)

남캘리포니아 지역의 초창기 기업에 투자하는 샌디에이고 지역 개인투자가들의 네트워크이다. SD TCA는 자체 이사진이 구성되어 있으며 로스앤젤레스, 오렌지카운티 등에 조직되어 있는 유사한 TCA와 긴밀히 교류하고 있다. SD TCA 회원들은 CEO, 기업가, 전문적 벤처 투자가 등 다양한 배경을 가진 사람들로 구성되어 있다. 그들은 초창기 기업에 창업자금을 투자할 뿐만 아니라 그들이 가진 다양한 경험과 지식도 제공하여 새롭게 시작하는 사업을 다음 단계까지 발전시키는 데 많은 기여를 하고 있다. 창업 초기의 기업, 또는 창업을 생각하는 하이테크 기술 소지자와 개인 투자자들의 만남을 위해 개인 투자자 세미나(Angel Semina)가 정례적으로 개최된다.

(15) SPRINGBOARD(**사업계획서 작성교육 및 자금조달**)

CONNECT의 SPRINGBOARD는 초창기의 하이테크 기업들이 자신의 사업계획 및 재무계획을 전문가들 집단모임에서 도움을 받도록 하는 프로그램으로서 1993년부터 시작되었다. 전문가들은 기업의 사업계획과 성장전략을 평가, 비평함으로써 초창기 기업의 사업전략 작성을 돕는다. 42주 또는 8주에 걸친 과정을 거친 기업은 잘 다듬어진 사업계획을 제출함으로써 졸업을 하게 된다.

졸업행사에는 초대받은 10명 가까운 사업전문가들에게 사업계획을 제출하여 비평(mentoring) 및 조언을 듣는다. 이 전문가들은 해당 기업이 SPRINGBOARD를 졸업한 후에도 해당 기업의 전략적 이슈에 대한 조언자로서 네트워크를 구성하게 된다. 졸업이 되면 해당 산업영역의 전문가로부터 다음 사업단계를 확인하고 필요한 로드맵을 작성하는 데 도움을 받을 자격이 주어진다.

SPRINGBOARD를 졸업한, 즉 최종 심사에서 통과한 사업계획서는 매년 8월경에 개최되는 SPRINGBOARD 오찬회(luncheon)에서 엔젤 투자가, 벤처 캐피털리스트, 기업가 등 관련자들이 모인 가운데 발표기회를 가진다. SPRINGBOARD는 지금까지 총 203개의 하이테크 기업, 총 5억 5,000만 달러의 자금조달을 도와주었다. 이들 회사 중 120개는 아직 샌디에이고 지역에서 사업을 하면서 샌디에이고 바이오 클러스터 발전에 일조하고 있다.

(16) TRANSMED(**의료기술 상업화**)

UCSD TRANSMED(Translational Medicine Program)는 학술적 의학 연구성과를 상업화가 가능한 의료기술로 변화시키는 일을 돕는 것이 그 목표다. UCSD CONNECT, School of Medicine(약학대학) 및 TTIPS (Technology Transger & Intellectual Services Office)의 공동협력 하에 운영되고 있다. 교수들의 연구들 중에는 상업화 가능성이 있어 보이는데도 연방정부 연구비 지원이나, 전통적인 방법으로는 투자유치가 어려운 경우가 있다. 이런 경우 관련 연구의 초기 자금조달을 위해 여러 가지 대안을 제시해 주는 프로그램이다. 아직까지 실험실 수준에 머물러 있으나 임상실험이나 유사한 수준의 단계 직전까지 도달한 연구에 자금줄을 소개해 주는 역할을 한다. 실험실을 졸업하기 직전, 상업화 가능성을 보여 주는 단계(translational boundary)에 있는 연구성과물이 대상이다.

2004년 말에는 UCSD 내에서 27개의 연구제안서를 받아 기술적 기반, 상업화 가능성 등의 기준을 바탕으로 심사하여 최종적으로 6개의 제안서가 선정되었다. 이 제안서들은 향후 투자자들에게 소개되어 자금조달을 받을 수 있도록 이 프로그램에서 최선을 다하게 될 것이다.

(17) Venture Capital Affiliate(**벤처 캐피털 회원**)

샌디에이고 지역 벤처 캐피털 관련자, UCSD CONNECT 관계자, 벤처 캐피털회원들과의 네트워크를 유지하고 포럼 등을 통해 정보를 소통하기 위한 프로그램이다. 벤처 캐피털회원의 연간 회비는 500달러이며 구체적인 특전은 다음과 같다.

- UCSD CONNECT와 샌디에이고 벤처 캐피털이 분기별로 개최하는 디너 포럼에 참가할 자격이 주어진다.
- UCSD CONNECT 명단에 기록된다.
- UCSD CONNECT 웹사이트에 등재된다.
- 각종 UCSD CONNECT 프로그램들을 이용할 때 벤처 캐피털 회원에 적용하는 특별할인 혜택을 받을 수 있다.
- UCSD CONNECT가 개최하는 각종 세미나에 등록비를 할인해 준다.

(18) VentureForth@UCSD(**학생 벤처 프로그램**)

UCSD 학생들에게 벤처 기업 정신을 함양하고 기회를 제공하기 위한 프로그램이다(http://www.ventureforth.org., 2005). 구체적인 목표로는 1) 학생들이 기업가정신을 키워 나갈 환경을 조성해 주고 2) 학생들이 벤처 사업을 구상하고 개발하는 데 도움을 주고 3) 샌디에이고 지역사회와 UCSD에서 새롭게 개발하고 있는 신기술을 학생들에게 알려 주는 데 있다. 이를 위해 학생들에게 혁신정신, 리더십, 자기 동기화(self-motivation), 네트워킹, 프로의식(professionalism) 등을 함양하는 프로그램들을 제공하고 있다. 이를테면 사업계획서 경시대회, 워크숍 포럼, 네트워킹 설명회, 벤처 기업가 초청강연, 웹사이트 또는 소식지 등 다양한 방법을 통해 학생들의 벤처 마인드를 함양시킨다. 그리고 학생들은 이 클럽에 가입함으로써 벤처 관련 문화, 지식, 정보 등을 흡수하게 된다(http://www.ventureforth.org).

이 프로그램은 학생들의 창업문화를 형성시켜 UCSD에서는 미국 대학들 중에서 생명공학부문에서 가장 많은 수의 창업이 이루어지고 있다. 〈표 4-3〉의 캘리포니아 소재 대학들의 생명공학기업 창업 숫자에서 보면 세계적 명문으로 널리 알려져 있는 UC 버클리, Caltec, UCLA가 각각 32개, 19개, 15개인 데 반해 상대적으로 그 명성이 떨어지는 UCSD는 63개로서 훨씬 많다. UCSD가 근자에 세계적 명성을 얻기 시작한 데는 이러한 창업 열기도 한몫을 한 것으로 알려져 있다.

〈표 4-3〉 캘리포니아주 소재 대학들의 대학생 및 졸업생 또는 대학 소유 기술을 토대로 창업된 생명 공학관련 기업 수

UC Berkeley	32	UC Santa Barbara	3
UC Davis	11	UC Santa Cruz	2
UC Irvine	6	UC San Diego	63
UCLA	15	Stanford	64
UC Riverside	2	Caltec	19

출처: CHI, 캘리포니아 고용개발국 자료; UC 바이오 스타프로젝트; UCSD CONNECT; UCSF 웹사이트; Caltec 기술이전사무소; UCI 기술제휴사무소; 스탠퍼드대학교 의료개발사무소(x)

(19) CORP. Partnership(**기업 후원자**)

UCSD CONNECT는 활발하게 후원자를 구하고 있다. UCSD CON-

NECT는 캘리포니아대학, 연방정부, 주정부로부터 자금지원을 받지 않고 독자 재정으로 움직인다. 주 수입원은 세미나, 포럼 등의 등록비, 컨설팅 수수료, 보고서 작성 자문료 등이다. 그런데 초기단계의 기업을 육성하는 것이 주목적이어서 제공하는 서비스보다 상대적으로 적게 수수료를 부담시키고 있다. 따라서 부족한 재정을 메우기 위해 활발하게 후원자를 구하고 있다. 후원자들에게는 지역경제에 이바지한다는 자부심과 UCSD의 각종 행사 기회에 명예롭게 참가할 기회가 주어진다. 또한 UCSD CONNECT를 통해 육성되는 벤처 기업들을 항상 살펴볼 수 있는 기회가 주어진다. 법률사무소, 회계법인, 벤처 캐피털, 은행, 부동산회사, 건축회사, 컨설팅회사, 지역개발 기업 등 다양한 기업들이 후원자로 나서고 있다. 후원자 파트너십은 세 가지 종류의 패키지로 구별되어 있다. 파트너십 회비는 1년 단위로 내며 플래티늄 2만 달러, 골드 1만 달러, 실버 5,000달러에 파트너십 참가가 가능하다.

4) UCSD CONNECT로부터의 시사점

(1) 비즈니스 환경을 만드는 네트워크

샌디에이고 바이오 클러스터와 UCSD CONNECT는 세계적인 벤치마킹 대상이다. 과연 한국에서 바이오 클러스터를 발전시키는 데 이러한 사례가 도움이 될 수 있을까? 연구개발능력이나 대도시 배경, 미국이란 선진국의 환경 등을 놓고 볼 때는 국내의 하이테크 진흥지역과 샌디에이고는 결코 비슷하지 않다. 그러나 샌디에이고가 환경조건이 미국 내 타 지역에 비해 대단히 우수해서 미국 내에서 3위권으로 인정받는 바이오 클러스터를 가지게 된 것이 아니라는 점을 주목할 필요가 있다.

첫째, 바이오 클러스터의 핵심역량인 연구개발능력이 타 지역보다 뛰어난 곳은 아니었다. 연구개발능력이 생성되는 핵심지역은 대학원 중심 대학인데 샌디에이고 지역에는 대학원 중심 대학이 UCSD밖에 없다. 그리고 UCSD의 명성은 최근 20년간 쌓아 올린 것이지 바이오 클러스터 생성이 시작되던 1980년대만 하더라도 세계적 수준에서 볼 때 거의 지방에 있는 무명 대학에 지나지 않았다. 같은 시기에 캘리포니아 지역 내의 스탠퍼드 대학교, UC 버클리, Caltec, UCLA 등 세계적 인지도가 있는 대학과는 그 연구능력이나 명성에서 비교가 되지 않았다.

둘째, 샌디에이고가 지역자본이 특별히 많은 곳도 아니었다. 뉴욕, 보스턴, 샌프란시스코, 로스앤젤레스 등 국제적 금융밀집지역을 가진 메트로폴리탄 지역과는 비교가 되지 않는다. 셋째, 지역 클러스터를 이끌 만한 뛰어난 선도기업이 존재하던 곳도 아니었다. 넷째, 바이오 산업의 기반이라고 할 수 있는 생물화학산업의 배경이 뛰어난 곳도 아니었다. 스위스의 바젤에서 기존의 생물화학산업을 바탕으로 하여 첨단바이오 클러스터가 형성된 경우와는 다르다.

이상과 같이 샌디에이고는 타 지역에 비해서 특별히 뛰어난 바이오 클러스터 생성환경을 원래부터 가진 것은 아니었다. 그리고 대규모 자본투자가 이루어진 곳도 아니다. 그러나 개별적으로는 크게 뛰어나지 않았던 기술, 경영, 자본 등의 핵심역량들이 네트워크로 잘 연결되어 개별 구성요소의 역량을 강화시켰을 뿐만 아니라 총체적 시너지 효과를 일으키게 됨으로써 가속적으로 발전할 수 있었던 것이다. 물론 그 네트워크는 애트킨슨 샌디에이고대학 총장 등 산학협동과 관련된 여러 사람들이 인위적으로 만든 것이다. 네트워크는 대규모 자본이나 특별한 기술이 투입되어야 하는 것이 아니고 혁신지역 구성원의 노력을 통해서 제대로 구축되고 운영될 수 있다.

네트워크 형성은 쉬운 일이 아니다. 실제로 대규모 자본투입을 해서 특정 결과를 기대하는 것이 더 쉬운 일이다. 네트워크 형성은 리더와 구성원의 무형적인 노력이 많이 요구되기 때문이다. 수십 가지 종류의 거미줄 네트워크를 구축한 것도 대단한 일이었지만 각 네트워크가 작동되어 제대로 운영되도록 한 것은 더욱 높이 살 만한 것이다. 이같이 샌디에이고 바이오 클러스터 발전은 기존의 주어진 물리적 환경보다는 인간의 의지로 만든 네트워크가 더욱 중요한 기여를 했다는 데 그 의미를 둘 수 있다. 이러한 의미에서 볼 때 미국 같은 선진국보다 기존의 여러 환경이 상대적으로 열악한 우리나라도 희망을 가지고 벤치마킹할 수 있는 모델이 바로 UCSD CONNECT라고 할 수 있다(http://www.connect.org).

(2) **실질적 운용이 중요한 네트워크**

우리나라는 관청, 기업, 대학들이 모두 따로 움직인다. 대학은 상업화와 무관한 학술적 연구실적에 매달리고, 기업가는 함께 성과를 나누는 데 인색하고, 관청에서는 주어진 예산과 기계적 절차에 의존하여 주어진 일을 하고 있다. 기업은 열려 있지 않고 관청과 대학의 관련자들은 '말썽 없는 일과 적절한 절차' 에만 매달리고 있다.

'따로 문화' 속에서는 아무리 좋은 네트워크를 설치해도 효과가 없다. 혁신 리더의 헌신적인 리더십과 구성원의 적극적인 참여, 참여자 모두가 상생(win-win)하는 프로그램 구축, 그리고 상생의 문화감각이 있어야 한다. UCSD CONNECT의 각종 프로그램들은 그곳에서는 훌륭하게 작동되고 있지만 우리 문화 풍토에 모두 적합하리라고 기대하기는 힘들다. 이미 우리도 여러 곳을 벤치마킹하여 여러 가지 네트워크 시스템을 가동하고 있다. 우리 실정에 맞는 네크워크 시스템이 과연 어떤 것인가를 원점에서 생각해서 기존의 프로그램을 보완하면서 필요한 경우 새롭게 구축해 나가야 한다.

네크워크 구축보다 더 중요한 것은 네트워크의 운용이다. 네트워크는 활발하게 운용될 때 비로소 '하나 더하기 하나가 십' 이 되는 가치를 발휘한다. 네트워크 구축 담당자는 효과적으로 운용될 수 있는 프로그램을 만들기 위해 많은 관계자들로부터 조언을 받고, 고민과 노력을 해야 하고, 네트워크 운영자는 조그만 프로그램 하나라도 제대로 운용되도록 우선 치밀한 운용계획을 짜고, 프로그램을 설명하면서 참여를 유도하기 위해 하루 수백 통의 연락 전화를 할 수 있어야 한다.

(3) **스타 기업을 탄생시키는 노력 필요**

특정 산업 클러스터의 발전을 위해서는 네트워크를 이끌어 갈 축이 될 선도기업, 즉 스타 기업이 필요하다. UCSD CONNECT는 많은 성공기업들을 육성하여 배출했다. 특히 CONNECT 설립 초창기에 활동한 하이브리테크는 그 자체도 성공이었지만 분사된 기업이 45개에 달하여 샌디에이고 바이오 클러스터 형성에 결정적인 기여를 했다. 이와 같이 선도기업은 특정 산업 클러스터 발전에 미치는 영향이 지대하다. 우리나라에서도 이러한 수준의 선도기업이 있으면 좋으나 아직 요원하다. 2000년도를 전후해서 우리나라 벤처의 초기 선도기업이자 초음파진단기업체인 메디슨이 분사 개념을 도입해서 많은 기업군을 만들었으나 기술 및 기업성장 가능성에 바탕을 둔 분사가 이루어지지 않고, 단순 자본투자에만 의지한 분사로 기업들이 만들어져 메디슨 본사 및 관련기업군이 함께 몰락하는 비운을 겪기도 했다.

2004년 12월 현재 산업자원부가 계획중에 있는 스타 기업은 신약을 개발해서 임상시험을 국내 및 해외에서 마무리하고 자체 상표로 그 신약을 세계 시장에 내놓을 수 있는 기업이다. 국가차원의 스타 기업이니만큼 기대치와 요구되는 기준도 높다. 한편 각 지방의 테크노파크에서 생각하는 스타 기업은 코스닥 등록 정도의 수준인 것으로 보인다. 그리고 이러한 스타 기업이 될 가능성이 있는 예비 스타를 육성하는 것이 스타 기업 육성사업이라고 볼 수 있다. 특별한 왕도는 없다. UCSD CONNECT에서 하는 것과 같이 보편적인 기업 육성 프로그램을 잘 운영하면서 기업 육성에 필요한 몇 가지 자원들을 선택과 집중에 의해 배분하는 것이 스타 기업 육성방안이 될 것이다.

(4) 하드웨어적 창업보육 투자에서 소프트웨어적 투자로

샌디에이고 바이오 클러스터의 성공은 기반집적시설의 대규모 투자에 있지 않고 거미줄 네트워크에 있다. 샌디에이고 바이오 클러스터의 핵심에 있는 UCSD CONNECT는 물리적 공간이나 설비를 지원하지 않으므로 하드웨어적 시설과 관련된 예산은 필요 없다. 그럼에도 불구하고 네트워크 유지 및 발전만을 위해 연간 1천 7백만 달러의 적지 않은 예산을 사용하고 있다.

우리나라는 과거 공단시설, 현재의 테크노파크 등 대부분의 집적시설에서 하드웨어적 역량 구축에 주력했다. 하드웨어 투자와 진행상황은 잘 식별되므로 예산을 요구하고 배정하기가 쉽다. 그러나 네트워크 구축과 같은 소프트웨어 투자는 그 투자의 진행과 성과를 식별하기 쉽지 않고 장기간 정성적 평가에 기준하여 예산을 수립할 수밖에 없으므로 예산요구의 설득력과 예산배정의 가시적 합리성을 가지기 쉽지 않다. 현재나 미래에 가시적인 성과가 불투명할 것에 투자하는 것은 쉽지 않다. 건물, 시설 등 하드웨어 투자는 그 결과가 가시적인 데 반해, 네트워크와 같은 투자는 그 진행 여부와 효과가 눈에 잘 보이지 않기 때문이다.

그러나 하드웨어 투자에만 중점적으로 자금 지원이 이루어지고 있는 지금의 기업 육성제도는 마치 신용평가보다는 부동산 담보를 기준으로 대출을 하는 우리나라 은행의 후진성을 그대로 닮았다는 점에 주목해야 한다. 외국의 선진은행은 하드웨어적 담보물보다 소프트웨어적 신용을 더 중요시 하고 있다. 이제는 네트워크 구축과 같은 소프트웨어 투자에 관심을 돌려야 한다. 네트워크의 힘은 샌디에이고를 위시하여 성공한 산업 클러스터들에서 잘 드러난다. 기업 지원 시스템을 고도화하기 위해 우선적으로 고려해야 할 점이 바로 소프트웨어적 기업 육성의 기반 구축사업이다.

2. 샌프란시스코 베이 지역

1) 세계 최고 수준의 바이오 클러스터

20세기 후반에 UC 버클리, 스탠퍼드대학 등 세계적 명문 대학들이 있는 미국 샌프란시스코 베이 지역(Bay Area) 근처는 생물학분야 연구가 활발해지면서 세계적인 생명공학 연구 기반을 갖추게 되었다. 1973년에 스탠퍼드대학의 스탠리 코헨이 DNA 재조합기술을 발명하고, 1976년에 세계 최초의 바이오 벤처 기업인 제넨테크가 설립되면서 1980년대 초반에 미국 캘리포니아 샌프란시스코만을 에워싸고 있는 베이 지역에 바이오 산업이 본격적으로 시작되었다. 제넨테크의 성공에 이어 카이론, 세터스 등 초기 바이오 벤처들이 설립됨으로써 바이오 붐이 시작되었다. 그 후 암젠 등 전세계 최대의 생명공학기업들이 설립되고 로슈 바이오 사이언스, 바이엘 등의 다국적 기업이 이 지역에 입주하고, 캘리포니아주립대학 및 스탠퍼드대학의 실험실에서 수십 개의 중소기업들이 분사되면서 본격적으로 성장했다. 인접한 세계 최고 수준의 IT클러스터인 실리콘밸리 옆에 역시 세계 최고 수준의 바이오 클러스터가 형성되기 시작한 것이다(CHI & PriceWater-HouseCoopers, 2001).

샌프란시스코 베이 지역에는 전세계 바이오 클러스터 중에서 가장 많은 바이오 벤처 기업이 있다. 특허는 뉴욕에 이어 2번째로 많다. 미국 국립보건원 연구비 수주에서는 보스턴과 뉴욕에 이어 3위를 기록하고 있다. 또한 미국 벤처 캐피털 투자금의 35%를 유치할 정도로 전세계 벤처 캐피털 기업의 최대 집적지이며, 총 지역생산(GRP)이 연간 2,000억 달러를 넘는다. 첨단기술 수출 1위, 인터넷 보급률 1위 등 인프라도 잘 정비되어 있다. 또한 산 · 학 연계, 정부의 투자 프로그램과 기술 이전정책 등도 잘 조화를 이루고 있다.

먼로 등이 미국의 대표적인 바이오 클러스터 7개 지역을 대상으로 평가한 경쟁력 비교에서도 가장 많은 부문에서 최고의 경쟁력을 가진 것으로 나타났다. 보스턴 컨설팅 그룹(BCG)은 베이 지역을 세계적인 수준의 바이오 클러스터 중 가장 성숙한 클러스터로 선정하였다.

〈표 4-4〉 미국 내 주요 바이오 클러스터의 경쟁력 비교

구분		베이 지역	샌디 에이고	보스턴	노스캐롤 라이나	메릴 랜드	뉴욕	뉴저지
	지역 연구기관	1	2	1	2	3	2	3
재무 자원	연구보조금	1	3	2	4	4	2	3
	벤처 캐피털 자금	1	3	3	3	4	2	3
	증권시장 상장	1	2	2	4	4	4	4
노동력	박사/대졸 이상	1	1	1	2	3	2	3
	전문대 졸업	3	3	2	2	3	3	4
	고교 졸업	3	3	3	3	3	3	4
네트워크 및 지원체계		1	1	1	2	3	2	3
사회적 인프라	서비스공급자	1	1	1	2	2	1	3
	물리적 인프라	4	2	2	1	1	4	3
	보육시설	5	5	5	5	5	5	5
	연구단지 조성	5	3	3	2	2	4	2
비용측면		5	3	3	2	2	4	2

주) 척도: 1=매우 우수, 5=매우 취약

자료: Munroe, et al(2002), "A Critical Analysis of the Local Biotechnology Industry Cluster-Counties of Alameda, Contra Costa & Solano"

2) 세계 최고 수준의 비즈니스 생태계

샌프란시스코 베이 지역의 바이오 클러스터는 실패할 수가 없을 정도로 풍부한 혁신자원을 가지고 시작했다. 이 지역의 성공요인을 기준으로 생각하면 한국에서는 바이오 클러스터를 형성할 수가 없다. 이 지역은 한국의 바이오 클러스터 구축지역들이 선택해서 벤치마킹하기에는 적절하지 않은 성공요인들을 두루 가지고 있다. 다만 기존의 혁신환경을 개선해 나가야 할 때 이 지역의 훌륭한 비즈니스 생태계는 이정표 구실을 할 수는 있을 것으로는 보인다(이영덕, 2003).

(1) 최고 수준의 지역자본

바이오 클러스터 형성 이전에 인접한 지역인 실리콘밸리의 벤처 캐피털 시장이 고도로 발달해 있었다(Prevezer, 2001). 베이 지역에는 후원자, 벤처창업투자회사, 상업은행, 투자회사 등 자금 인프라가 잘 갖추어져 있다. 매킨지(2000)에 따르면 베이 지역 벤처 캐피털 투자금액의 16%(6억 6,000만 달러)가 보건과 생물의약분야에 투자되고 있다. 이 지역의 민간 연구개발투자는 16억 달러에 이른다(CHI, 1998).

(2) 세계 최고 수준의 풍부한 우수 인력

샌프란시스코 베이 지역은 생명공학분야에서 1999년만 하더라도 215명의 박사학위자를 배출했다. 국립과학재단(NSF)은 샌프란시스코 시립대학을 통해 산업인력을 대상으로 교육훈련을 제공하는 바이오 링크(Bio-Link) 프로그램을 운영하고 있다. 버클리 바이오 테크놀로지 에듀케이션(Berkeley Biotechnology Education)은 고교생들을 대상으로 인턴 프로그램과 전문적인 실험교육을 제공하고 있다. 캘리포니아대학(University of California)의 버클리, 산타크루즈(Santa Cruz), 데이비스(Davis) 분교는 생명공학 전문과정을 운영하고 있다. 세계 최고 수준의 우수 바이오 인력이 풍부하게 배출되고 있다.

(3) 세계적 바이오 스타 기업 다수 보유

베이 지역은 세계적으로 성공한 바이오 기업을 다수 보유하면서 바이오 벤처가 성공할 가능성이 높은 지역으로 인정받아 바이오 벤처 설립 붐이 일어났다. 제넨테크, 카이론 등의 성공으로 바이오 열기를 일으키면서 바이오 클러스터 형성을 촉진시켰다.

(4) 세계 최고 수준의 연구 기반

샌프란시스코 베이 지역에는 바이오 관련 연구 기반이 세계 최고 수준이다. 세계적 명성을 가진 스탠퍼드, 캘리포니아 대학의 버클리, 샌프란시스코, 데이비스, 산타크루즈 분교가 있다. 이 대학들은 1934년부터 2001년까지 9명의 생명공학분야 노벨상 수상자를 배출하였으며, 2001년까지 총 163개의 바이오 의약기업을 창출했다.

(5) 활발한 산 · 학 협동

1999년 한 해만 하더라도 캘리포니아대학의 모든 분교들이 벌어들인 생명공학 관련 특허 로열티는 6,900만 달러에 이른다. 스탠퍼드대학은 유전자재조합 관련 라이선스로 2001년 3,730만 달러를 벌어들였다. 1996년 캘리포니아대학은 교수들과 바이오 기업 간 연구협력을 촉진하기 위한 BioSTAR 프로그램을 시작하였다. 현재까지 300개의 연구사업에 주, 대학, 생명공학 관련 기금 등을 합쳐 총 3,200만 달러를 지급하였다. UC 버클리는 1998년 제약기업인 노바티스(Novatis)와 사상 최대 금액(500만 달러)의 연구협력협정을 체결하였으며, UC 버클리는 형질전환기술 특허로 몬산토(Monsanto)로부터 2,500만 달러를 받았다.

(6) 최고 수준의 소프트웨어 인프라

많은 첨단기업들이 집적함에 따라 경영, 보험, 법률, 회계, 홍보, 임상연구, 과학작가, 헤드헌터, 이주대행, 과학단지 기획, 웹 마스터 등 바이오 분야에서 전문화되어 서비스를 제공하는 다양한 서비스 기업들이 유입되었다. 핵심역량을 연구와 제품개발에 집중 투입하기 위해서는 기업의 핵심역량 이외의 기능은 아웃소싱(Outsourcing)하는 것이 편리하다. 베이 지역의 경영자들은 회계, 법률, 동물사육, 임상실험 및 설비 등 비핵심적인 기능이나 활동들을 쉽게 아웃소싱할 수 있다.

(7) 소기업 벤처정신

베이 지역에는 종업원 50인 이하 기업이 62.5%로 소규모 기업들이 다수를 차지하고 있다. 그런데 이 소규모 기업들은 새로운 아이디어의 산업화를 위한 벤처 기업 창업문화를 가지고 있다. 이 지역에는 특히 위험을 감수하고 벤처를 창업하는 사람들을 격려하는 풍토가 자리잡고 있다. 이들 벤처 기업의 창업자는 보통 대기업의 임원, 기업 혹은 대학의 연구자, 지역기반 사업가 등으로 구성되어 있다.

(8) 잘 조직화된 긴밀한 네트워크

UC, 스탠퍼드대학 등을 포함한 다양한 지역 연구기관, 무역협회, 조합, 전문 컨설팅, 시장조사, 홍보, 벤처 캐피털 기업들이 전문적인 금융 · 네트워킹 서비스를 제공한다. 이러한 네트워크를 통해 기업체 단독의 힘으로는 극복할 수 없는 부문별 장애를 극복할 수 있다. 1990년 설립된 베이지역생명과학센터(Bay Area Bioscience Center)가 이러한 네트워크 연계를 강화해 주는 역할을 하고 있다.

(9) 바이오 산업과 관련된 인터넷 기반업체

베이 지역은 또한 생명공학과 관련된 인터넷 정보업체들의 중심지이다. 이 지역에서 레드헤링(Red Herring), 시그널스(Signals), 업사이드(Upside, Bio-Century), 메디컬 테크놀로지 스톡레터(Medical Technology Stock Letter), 바이오스페이스 닷컴(Biospace.com)과 같은 대형 바이오 산업과 관련된 인터넷 기반 업체들을 비롯한 80개의 매체가 활동하고 있다.

3. 케임브리지 바이오 클러스터

영국의 케임브리지 바이오 클러스터는 샌프란시스코 베이 지역과 마찬가지로 세계 최고 수준의 바이오 클러스터 발전을 위한 환경을 가지고 있다(Athreya 2000). 글락소(Glaxo) 스미스클라인비참(Smithkline-beecham) 같은 세계 최대 규모의 제약회사가 이미 존재하여 선도기업으로서 바이오 산업 전후방 진작효과를 마련해 주고 있었다. 그리고 명문 케임브리지대학 등 세계 최고 수준의 바이오 연구 기반이 있고 유럽 최고의 자본시장인 런던을 지척에 두고 있다. 대다수의 우수 바이오 클러스터는 이와 같이 우수한 핵심역량을 이미 가지고 출발했다. 이같이 핵심역량이 높은 곳을 초기단계에 있는 한국의 바이오 클러스터가 무작정 벤치마킹해서는 안 된다. 여러 가지 핵심역량 중 추진 가능한 부분만을 벤치마킹해야 할 것이다. 또한 태생적 환경보다는 노력효과에 의해 그 목적을 달성한 곳을 벤치마킹해야 한다.

1) 현황

영국의 케임브리지는 1960년대 런던이 급속히 비대해지면서 발전되기 시작하였다. 1970년대 초, 케임브리지 시정부가 첨단산업지역으로 육성하기 위해 도시계획을 변경하고, 케임브리지대학이 교수의 지적 재산권 보유를 허가하면서 교수창업이 시작되었다. 케임브리지 지역에 첨단기업 후보들이 모이기 시작하자 케임브리지대학은 첨단기업들의 보육을 위한 케임브리지 사이언스 파크를 설립하였다.

1976년 케임브리지 사이언스 파크에 첫 기업이 입주한 이후 케임브리지

〈표 4-5〉 영국 남동지역별 지역별 바이오 기업 수

지역	중심지	기업 수	상장기업 수	주요 연구기관	*상위 15개 대학
케임브리지	케임브리지 반경 30마일	약 150개	5~10	LMB, Sanger, Babraham, EBI	케임브리지
옥스퍼드	옥스퍼드 디디콧 A34지역	약 50개	5~10	IMM, Human Genetics Center	옥스퍼드
런던	분산됨	약 50개	5~10	MCA, EMEA	ULC, 왕립대학, UMDS, School of Tropical Hygiene
중부 스코틀랜드	에딘버러, 글래스고, 던디	약 50개	5개 미만	Roslin연구소	에딘버러, 글래스고, 던디

*: BBSRC, OST, Wellcome Trust 등으로부터 바이오 분야 연구비 수주 상위 15개 대학
자료: DRI(1999), Biotechnology Clusters

대학 인근에 1986년까지 300여 개의 기업이 유치되었다. 1999년에는 1986년의 3배가 넘는 959개의 기업(60%가 첨단기술기업)이 3만 1,000명의 일자리를 창출하는 첨단산업단지로 성장하였다.

이곳의 바이오 클러스터는 산업과 대학이 응집되어 있는 지역을 중심으로 발전하였다. 케임브리지와 런던, 옥스퍼드를 잇는 삼각형 내에 영국 바이오 기업의 50%가 위치해 있다. 그중에서도 케임브리지는 유럽에서 가장 발달된 바이오 기업 집적지역으로서 다양한 분야와 규모의 바이오 기업들이 위치해 있다. 현재도 케임브리지 지역은 아덴브룩스병원과 케임브리지대학을 중심으로 분사되는 기업이 증가하면서 기업보육시설들이 급속하게 발전하고 있다(이영덕 및 김정식 2003).

2) 성공요인

(1) 세계적 수준의 과학기술 기반 및 긴밀한 산 · 학 협력

의학과 유전학 연구, 단일세포 항체분야의 노벨상 수상자 배출로 케임브리지는 생명공학 연구의 중심으로 부상하였다. 케임브리지에는 MRC가 아덴브룩스병원에 설립한 분자생물학연구소, 케임브리지대학의 생명공학연구소(IOB), 유전학 · 단백질공학센터, 기능유전학 연구를 전문으로 하는 바브라햄연구소 및 생거센터, 유럽생물정보학연구소(EBI), 식품연구소(IFR), 존인네스센터, 경작물연구소(IACR), 국립경작식물연구소(NIAB) 등 연구기관, 아덴브룩스병원 등이 있다.

1980년대 벤처 기업이 급격히 증가하면서 매월 1개 이상의 기업이 신규로 창출되었는데, 여기서 케임브리지대학의 기능이 매우 컸다. 창업자 가운데 17%가 이 대학의 교수, 연구자, 졸업생 등이었으며, 그들은 케임브리지대학 때문에 이곳에서 창업하였다.

〈표4-6〉 케임브리지 지역에서의 산·학 협동현황

(단위: 개, %)

협력형태	케임브리지대학	기타 대학
학술(academics on board)	6(12)	1(1)
대학과 협력 프로젝트	14(28)	18(36)
국책연구소와 협력 프로젝트	3(6)	7(14)
교수의 기업 활동 참여(비상임)	7(14)	8(16)
연구개발 컨소시엄	5(10)	8(16)
교수의 기업 컨설팅	12(24)	13(26)
대학 연구결과의 라이선싱/특허	2(4)	5(10)
대학의 교육훈련 프로그램	2(4)	3(6)
계(기타 형태 포함)	19(38)	24(48)

자료: Suma S. Athreye(2000), Agglomeration and Growth: A study of the Cambridge Hi-tech Cluster

(2) 세계적 제약회사들과 바이오 벤처 스타 기업 보유

케임브리지는 생명공학과 제약에 기반을 둔 치료제분야에 특화되어 있다. 두 번째로 많은 기업들이 생의약, 생명공학, 보건기기 및 장비생산분야이다. 케임브리지 반경 25마일 안에 많은 생물의약기업들이 있다. 글락소 웰컴, 스미스클라인비참, 머크, 롱프랑 로러 등 대형 제약회사들이 포함되어 있고, 전문 생물의약기업인 암젠, 젠자임, 카이론 냅(Napp),등의 기업들이 입지해 있다. 또한 이 클러스터는 유럽 최대 규모의 바이오 벤처 기업인 셀텍과 케임브리지항체기술(CAT) 등 종업원이 최소 100명에서 250명에 이르는 기업들을 다수 보유하고 있다. 이러한 기업들의 성공으로 지난 1997년부터 2000년까지 3년 동안 많은 일자리를 창출하면서 영국에서 가장 높은 일자리 증가율을 보였다. 1997년부터 1999년까지 6.8%, 1998년부터 2000년까지 7.8%가 증가하였다.

(3) 세계적 수준의 자본시장

영국은 지난 10년간 생명공학에 약 3억 4,400만 파운드를 투자해 온 결과 비교적 잘 발전된 자본시장을 보유하고 있다. 특히 케임브리지는 유럽의 금융 중심지 런던과 인접해 있다는 점에서 매우 유리한 입지조건을 가지고 있다. 2002년 총 벤처 캐피털 투자금액은 약 7억 5,000만 파운드로 추산된다.

(4) 잘 정비된 창업보육 시스템

바브라함 생물보육센터에는 최근 600만 파운드를 유치하여 유명해진 신제닉스를 비롯하여 12개 벤처 기업이 입주해 있다. 1970년 트리니티대학이 설립한 케임브리지 사이언스 파크는 많은 바이오 기업들을 보유하고 있는데 유럽에서 가장 집적도가 높다. 또한 바이오 기업들과 함께 성장한 많은 전문 서비스 제공기업들도 이 지역의 바이오 산업 성장에 기여하였다. 케임브리지 엔트러프레너십 센터(CEC)는 교육훈련, 멘토링, 창업보육, 해외네트 워킹, 기술이전 등 기업성장에 필요한 각종 서비스를 제공하고 있다.

5장 한국의 바이오 클러스터—그 현황 및 분석

1. 관 주도의 바이오 클러스터

1) 정부의 적극적 지원으로 하드웨어 인프라 성장

국내 바이오 산업의 경우 시장 및 투자규모 등은 빠르게 성장하고 있지만 아직 기술경쟁력이 취약하고, 기술개발에 필요한 기초 인프라도 크게 부족하다. 바이오 벤처 지원센터 구축사업, 신규 지역사업 등을 통해 지역별 BT 거점을 마련하고 있지만 아직 집적지로 발전하기에는 한계가 있는 실정이다. 따라서 정부는 산업의 상호 연계와 지원시책의 강화를 통해 바이오 분야의 잠재력과 핵심역량이 집중된 바이오 클러스터 조성(정부의 정책적 지원에 의한 BT 밀집단지, 바이오 단지)을 강력히 추진하고 있다. 1998년 춘천을 시작으로 하여 현재 5개 권역 16개 지구에서 바이오 클러스터 인프라 조성을 하고 있다(국가균형발전위원회, 2004).

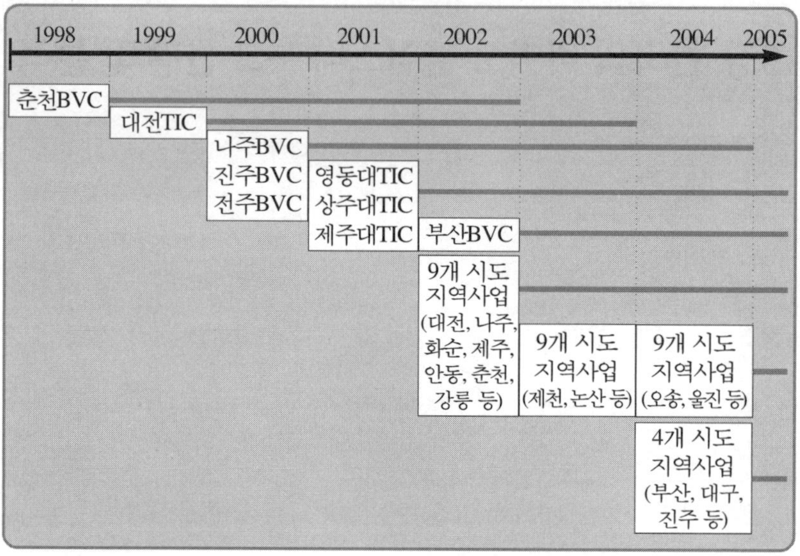

자료: 산업자원부, 2004

[그림 5-1] 바이오 클러스터를 추진중인 국내 지역

2) 바이오 벤처기업지원센터 설립

지역별로 바이오 클러스터 육성 엔진의 역할을 할 수 있도록 다양한 형태의 지원센터가 설립되고 있다. 전국의 바이오 벤처기업지원센터(BVC) 등을 통한 바이오 벤처 창업 및 육성 지원, 공동연구 기자재, 시험생산설비(Pilot Plant) 등 장비, 공동연구, 정보유통 등을 지원하고 있다. 산업자원부에 따르면 1998년부터 2006년까지 전국의 9개 바이오 벤처기업지원센터(BVC)에 국비 446억 원(총 사업비 약 1,200억 원)이 지원되고 있다. 2004년 9월 현재 9개 센터에 총 110개 기업이 입주해 있으며, BVC 출범 이후 지금까지 공동연구과제 190건, 특허실적출원 346건, 등록 110건 등의 실적이 발생했다.

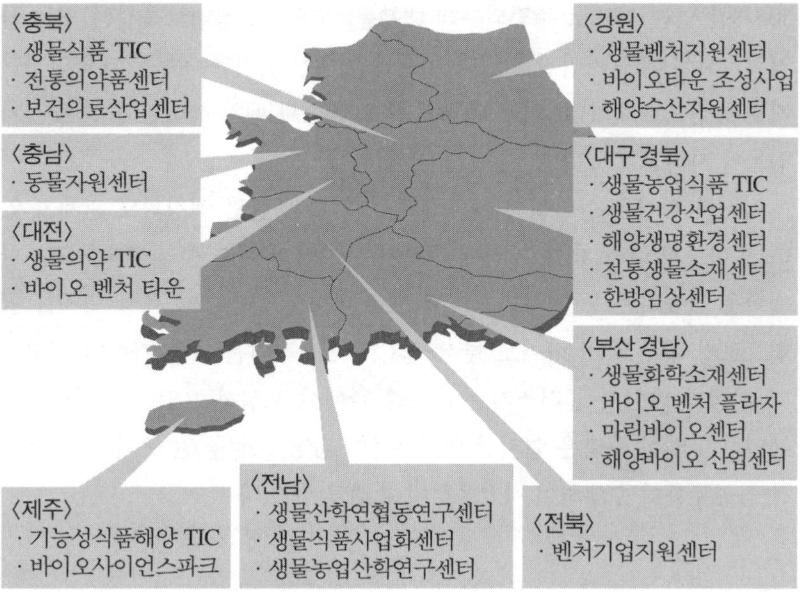

자료: 산업자원부, 2004

[그림 5-2] 지역별 바이오 클러스터 지원센터

2. 국내 바이오 클러스터의 현실

1) 비즈니스 생태계 부재

(1) 바이오 클러스터 조성의 초기단계

8년 전에 시작된 춘천을 비롯하여 국내의 모든 바이오 클러스터는 형성 초기에 있다. 2004년 말 기준으로 전국적으로 바이오 벤처 기업의 수는

500개를 넘는 것으로 추정되는데 대부분이 대학의 창업보육센터 또는 산업집적시설 내에 자리잡고 있다. 이를테면 대전 지역은 대부분 대덕연구단지를 중심으로, 강원 지역은 춘천의 주요 대학과 벤처 센터를 중심으로 기업들이 자리잡고 있다.

이러한 현상은 실험실 벤처와 같은 기업들의 설립 배경과도 관계가 있다. 또한 3개 권역, 16개 지역에 특화된 분야의 바이오 클러스터를 조성할 계획을 발표하는 등 정부가 적극적으로 바이오 클러스터 육성 의지를 밝힘으로써 향후 국내 바이오 클러스터 조성 움직임은 더욱 가속될 전망이다. 한국의 바이오 클러스터는 대부분 관에서 조성하고 있어 투자비용에 예민하지 않아 구축은 쉽지만 민간부문이 담당해야 할 일 중의 상당 부분을 공공부문이 수행하여 비효율성이 초래될 수 있다.

2) 민간 비즈니스 생태계의 부재

국내에서 관 주도로 인위적으로 만들어지고 있는 바이오 클러스터는 생성 역사가 짧은 만큼 향후 개선시켜 나가야 할 문제들이 많다. 바이오 집적시설 조성을 지금 시작하고 있는 곳도 있고 7년이 된 곳도 있으나 아직 관 주도의 지원시설 이외에 비즈니스 이해관계에 의해 민간에서 조성된 생태 요소는 없다. 기업발전을 공공부문이 주도하는 것은 한계가 있다. 효율적 거래관계가 성립되지 않기 때문이다. 상당한 노력을 투입하고 세월이 흘러야 해결될 수 있는 문제이다. 비즈니스 생태계가 조성되어야만 바이오 클러스터의 제대로 된 발전을 기약할 수 있다.

3) 고부가가치형 바이오 벤처 기업 수의 부족

(1) 연구개발형 단지가 절실한 국내의 바이오 산업

삼성경제연구원(복득규, 2003)에서 발표한 자료에는 국내 16개 바이오 클러스터 중 연구개발형 단지로 분류할 수 있는 곳은 대전밖에 없는 것으로 나타났다. 그 외의 모든 집적단지는 연구개발형이 아니고 제조기반형 또는 유통기반형으로 나타나 국내 대부분의 집적지역이 고부가가치형 바이오 클러스터의 기반을 가지고 있지 않은 것으로 나타났다. 의약품 개발 등 고부가가치 바이오 산업이 바이오 클러스터 내에서 활성화되지 않으면 지속적인 성장을 기대할 수 없다.

(2) 의약품개발기업이 적은 국내 바이오 산업

기존의 국내 제약회사들은 대부분 특허기간이 만료된 제네릭의약품을 개발하는 한계선상에서 사업을 하고 있다. LG생명과학, 유한양행 등 극히 일부 대기업에서만 신약개발사업을 추진하고 있다. 신약개발에 성공한 예로서는 LG생명과학의 퀴놀린계 항생제가 유일한데 이 또한 아직 수익과 연결되기에는 상당한 세월이 필요한 것으로 보인다. 신약개발사업은 장기간 대규모투자/고위험의 성격을 가지고 있으므로 현재까지는 세계적 규모의 제약회사에서만 추진해 왔다. 따라서 국내 벤처 집적단지 내의 소규모 바이오 벤처가 신약개발을 시도하는 것은 무리가 있어 보인다. 그러나 과거와는 달리 미국의 암젠이나 하이브리테크 같은 회사가 실험실 벤처에서 출발하여 큰 성공을 거두었음을 상기해 볼 때 소규모 바이오 벤처 기업도 신약 내지는 신약원료의 개발을 추진할 만하다. 아직까지 국내 바이오 집적시설 내에는 신약개발기업이 절대 부족하다. 가장 빨리 시작한 춘천 바이오 집적시설 내에도 의약품개발기업은 아직 걸음마단계에 있는 3개

기업뿐이다. 국내 바이오 집적시설에 입주해 있는 바이오 기업들은 대부분 바이오 칩, 기능성 식품, 또는 사료회사이다. 이 기업들은 폭넓은 의미에서는 바이오 기업이지만, 첨단산업의 활력을 일으킬 수 있는 고부가가치 바이오 기업은 아니다. 국내 대부분의 바이오 산업 집적시설에서 바이오 기업의 입주를 서둘러야 했고 단기간에 실적제시도 필요했기 때문에 나타난 현상으로 보인다. 강원테크노파크 관계자는 이 점에 대해 다음과 같이 우려를 표명했다.

> "국내의 바이오산업진흥원들은 기능성 식품기업 위주로 구성되어 있습니다. 이렇게 해서는 첨단 바이오 산업단지의 꿈을 가지기 힘듭니다. 농공단지와 큰 차이가 없어요. 의약품개발기업 위주로 되어 있을 때 비로소 하이테크 바이오 클러스터의 꿈을 가질 수 있습니다. 지금부터라도 의약품개발기업, 아니 원천적으로 대학에 있는 의약품개발기술부터 찾아 나서야 합니다."

(3) 의약품개발기술의 발굴노력 필요

바이오 클러스터의 활성화를 위해서는 의약품개발기업을 발굴해야 한다. 기존의 의약품개발기업이 별로 없으므로 국내 각 대학 실험실의 기술을 발굴하여 육성하는 것도 대안이 된다. 국내에 산재한 바이오 진흥원의 기업 지원평가기준도 의약품을 개발하는 고부가가치 바이오와 건강식품 등 저부가가치 바이오를 완전히 구분하여 적용되어야 한다. 매출을 기준으로 성장 가능성을 평가하는 지원방식으로는 고부가가치 바이오 기업이 육성될 수 없다. 바이오산업진흥원에 입주해 있는 한 의약품 개발기업 사장은 평가방법에 대한 개선을 희망했다.

> "예전에 벤처 캐피털로부터 투자받을 때 투자담당자들이 IT산업하고 똑같은 형식으로 매출액, 예상순이익 등을 따져서 그 사람들에게 의약품개발기업은 그런 기준으로 평가해서는 안 된다고 설명하느라 힘들었다. 그런데 중

소기업청, 바이오산업진흥원, 지방자치단체 등 여러 지원기관에서 사용하는 기준들도 과거 IT기업 평가기준과 동일하다. 바이오 내에서도 개발기간이 짧고 매출이 쉽게 발생하는 기능성 식품과 연구개발에 오랜 세월이 소요되는 의약품 개발기업은 완전히 다른데도 똑같은 평가기준을 사용한다. 적어도 경영평가와 관련해서는 동일한 것 같다. 어쨌든 매출액, 순이익 따지는 평가기준 때문에 편치 않다."

4) 스타 기업 부재

(1) 전국적인 스타 기업 발굴 붐

2004년 현재 전국적으로 스타 기업 육성정책이 한창이다. 얼마 되지 않는 상금 또는 상장 등으로부터 정책자금 집중까지 다양한 방법으로 스타 기업 육성정책을 시행하고 있다. 기존의 지원제도에다 스타 기업이라는 이름만 붙여 스타 기업 육성정책을 하고 있다고 홍보하는 지방정부도 있다. 제대로 된 정책을 마련하여 스타 기업 육성의지를 실천에 옮기고 있는 곳도 있다. 충남테크노파크에는 스타 기업 육성팀이 있어 2명의 전담직원이 배치되어 있다. 충남테크노파크 스타 기업 육성 관계자는 다음과 같이 조직적인 육성의 필요성을 강조했다.

"저희는 '스타 기업 만들기' 사업을 2003년 10월부터 시작하였습니다. 조직적으로 지원하기 위해 충남테크노파크 내에 스타 기업팀을 만들어 2명의 직원이 스타 기업 지원하는 일만 하고 있습니다. 사실 지금 스타 기업이 있습니까? 2~3년 지원하면 코스닥에 등록할 수 있을 정도의 회사를 예비 스타로 하여 정책자금의 집중, 무료 컨설팅 기회의 부여 등 각종 지원을 하고 있습니다. 지금도 계속 각종 지원책을 강구하고 있는 중입니다."

스타 기업은 비즈니스 에코 시스템 속에서 자연스럽게 탄생하는 것이 좋지만 시간 단축을 위해 한국식 밀어붙이기가 유행하고 있는 것이다. 전시행정이라는 비난 등 여러 가지 부작용도 예상되나 스타 기업이 산업 클러스터 발전에 중요한 축을 담당한다는 인식을 가지게 된 것은 발전적인 일이다. 타 지역 테크노파크의 관계자도 스타 기업정책의 필요성에 대해 동의했다.

"우리 지역도 스타 기업 만들기 사업을 본격화할 필요가 있습니다. 다만 홍보 및 전시에 그치지 않는 진정한 스타 기업 육성책을 만들기 위해 신중을 기할 필요가 있습니다."

(2) 산업 클러스터 발전에 결정적 역할을 하는 스타 기업

클러스터의 성장을 위해서는 한 기업의 성공을 통해 다른 기업들을 끌어들이고 창업을 부추기는 이른바 자기 강화가 필요하다. 또한 하이테크 기업의 특성상 기업이 성공하면 많은 기업들이 분사되어 클러스터의 새로운 구성원이 된다. 또한 성공사례가 있으면 기업뿐 아니라 투자자들을 불러들이는 데에 효과적이다. 성공한 기업은 산업 클러스터 발전에 결정적인 역할을 한다.

(3) 스타 기업 탄생을 통한 바이오 클러스터 발전사례

샌프란시스코만 일대에 있는 암젠, 제넨테크, 카이론 등과 아울러 샌디에이고 지역의 하이브리테크, 나노겐(Nanogen), IDEC Pharmaceuticals이 대표적인 성공사례로서 지역 바이오 클러스터의 형성에 결정적 기여를 한 스타 기업으로 꼽을 수 있다. 우리나라의 경우 IT산업에서 메디슨이 분사하는 스타 기업과 유사한 사례를 한때 시도했으나 기술개발 및 기업경영에 의한 분사보다는 타 기업에 대한 자본투자에 주력하면서 아쉽게도 성장 동력을 상실한 전례가 있다.

5) 어려운 자금조달

(1) 더 이상 바이오 투자를 하지 않는 벤처 캐피털

2000년을 전후하여 코스닥 시장이 활황을 보일 때 바이오 벤처 기업들이 자본투자를 받은 적이 있으나 4년이 지난 지금은 바이오 벤처 기업에 대한 민간자본투자는 거의 소멸되었다(이광희, 2002). 벤처 캐피털 회사들은 기존에 있던 바이오 투자부서마저 폐지해 버렸다. 바이오 투자를 전문적으로 할 수 있는 투자회사가 한국에는 하나도 없는 셈이다. 너무 긴 자금회수기간, 성공 가능성에 대한 불확실성, 기술평가의 어려움 등이 바이오 벤처 투자를 가로막는 걸림돌이다. 이에 따라 지속적인 자금투자가 있었으면 상업화될 수도 있는 아까운 바이오 기술들이 사장되고 있다. 우리나라에서 제일 큰 규모에 속하는 벤처 캐피털인 H기술투자 관계자의 말은 국내 바이오 투자에 대한 벤처 캐피털의 현주소를 다음과 같이 말해준다.

> "국내에서 바이오 벤처에 투자하려는 벤처 캐피털은 없습니다. 성공까지 5년 이상, 아니면 10년 이상 오랜 세월이 걸립니다. 그나마 그 성공확률도 1/10, 아니 1/100이 안 될지도 모르죠. 우리는 투자펀드의 기간이 길어야 5년이니 그걸로 기약 없는 바이오 벤처에 투자할 수는 없죠. 제가 그때까지 이 투자회사에 있을지도 모르겠고…."

(2) 기술개발자금이 소진된 바이오 벤처들

바이오 집적시설 내에 있는 바이오 벤처 기업들은 코스닥 시장이 활황이던 2000년도에 벤처 캐피털로부터 투자를 받아 기술의 상업화 연구를 시작했으나 그 후 추가적인 자금을 조달받지 못하여 기술개발에 어려움을 겪고 있다. 국내의 벤처 캐피털들이 더 이상 고수익/고위험 투자를 하지 않기 때문이다. 국내의 제약회사들도 영세하여 하이테크 바이오 벤처의 자금투자원이 되지 못하고 있다. 현재 바이오 벤처 기업의 자금원으로서는 공공부문의 정책연구비가 거의 유일하다. 최첨단 바이오 기술일수록 상업화 기술개발에 장시간이 소요되고 매출이 없으므로 영업을 통해 돈을 벌어 자금을 자체적으로 공급할 능력이 없다. 특히 고부가가치 신약개발의 경우 성공적인 후보물질을 개발해서 기술 이전을 하기까지 오랜 기간에 매출이 발생하지 않는다. 그래서 춘천의 바이오 기업들 중 가장 첨단분야에 있는 의약품 개발 바이오 벤처들은 정책연구비로 겨우 연명하는 상황이다. 아까운 첨단 바이오 기술이 사장될 우려가 높다. 가능성 있는 바이오 벤처 기업에 장기적인 자금지원이 이루어져야 한다. 2004년 말 현재 이러한 문제를 해결하기 위한 정책대안으로 산업자원부에서 성공불 융자제도가 언급되기는 했으나 토의에만 그친 실정이다. C 테크노파크 관계자는 이 점을 우려했다.

> "국내 바이오산업진흥원에 있는 기업 중 이른바 고부가가치 바이오 제품을 개발하는 회사들 대부분은 특단의 조치가 없으면 자금고갈로 2~3년 내에 쓰러질 가능성이 많습니다. 글로벌제약회사에 기술을 판매하면 좋지만 그 단계에 이르기는 쉽지 않습니다. 국내 제약회사에 싼값에라도 기술을 넘기는 것도 방법입니다. 문제는 국내 제약회사의 영세성 때문에 기술가치로 1억 원 받기도 힘들다는 것이죠. 그 대가가 너무 적어 그냥 기술 끌어안고 쓰러지는 쪽을 택하는 바이오 기업도 많습니다."

6) 소프트웨어 인프라 부족

(1) 소프트웨어 인프라 조성에 대한 지원기관의 인식부족

국내에는 그동안 공공부문의 자금투입으로 바이오 진흥원, 테크노파크 등 집적시설이 만들어졌고 공동기계설비도 상당히 갖추어지고 있다. 향후 각 바이오 집적시설별 계획대로 투자가 되면 가시적인 기간 내에 하드웨어 인프라는 어느 정도 마련될 것으로 보인다. 그러나 네트워크를 통한 소프트웨어 인프라는 정책당국자의 인식부족, 한국 기술문화의 폐쇄성 등으로 인해 아직 제대로 갖추어지고 있지 않다. 기술개발과 생산에만 초점을 맞추어 기업을 지원해 왔기 때문이다. 기술은 기업 시작의 단초가 될 수는 있지만 기업의 완성을 이루는 것은 아니다. 사실 기업가치가 완성되는 데 기초기술 및 생산부문의 기여도가 20% 이상의 비중을 가지기는 힘들다. 경영부분을 포함한 그 이후의 노력이 완성된 기업가치의 80% 이상을 차지한다는 것이 통설이다. 이렇게 중요한 경영부문에 대해서는 바이오 벤처기업의 CEO나 지원기관 모두 대책을 거의 세우지 못하고 있다.

(2) 경영부분 지원 인프라 부족

국내의 바이오 집적시설에는 법률이나 행정 서비스 지원, 벤처 캐피털 연계, 기업 경영 노하우 전수, 마케팅, 기술교류, 산학연계 등의 인프라가 대단히 취약하다. 이러한 소프트웨어 인프라가 마련되고 경영 관련 프로그램들의 네트워킹이 활성화 되어야만 기업이 성장하고 시너지 효과를 발휘할 수 있다(이영덕, 2002; Anthony Arundel & Aldo Geuna, 2001). 이 책의 4장에서 소개한 샌디에이고의 사례를 유심히 살펴볼 필요가 있다.

샌디에이고는 하드웨어 인프라가 아닌 소프트웨어 인프라를 통해 성장했다. 샌디에이고에는 수많은 경영 지원 네트워크가 존재하고 이들이 서로 연계되어 있다. 그중에서도 대표적인 경영지원 네트워크인 UCSD CONNECT는 벤처 기업들의 사업계획 작성지도로부터 벤처 캐피털 연결, 신기술 강의, 리더십, 사무실 알선 등에 이르기까지 20가지 정도의 소프트웨어와 관련한 지원을 통해 기업 창업 및 성장을 돕고 있다. 또한 인턴십 등을 통한 해외인력확보, 공동연구개발 등을 위한 글로벌 네트워크 구축을 활발히 하기 위하여 Global CONNECT도 운영하고 있다.

(3) 경영 지원의 중요성에 대한 CEO의 인식부족

현재 국내의 하드웨어 인프라는 어느 정도 마련되고 있다. 그런데 경영 지원 시스템을 비롯한 소프트웨어 인프라는 제대로 마련되어 있지 않다. 소프트웨어 인프라가 제대로 마련되지 않는 이유는 정책당국의 소프트웨어 인프라에 대한 중요성 인식 부족도 있지만 과학기술자 출신인 기업창업자들이 자신의 기술에 대해서는 중요성을 부여하면서 경영부문의 중요성은 간과하는 경향이 있기 때문이라는 견해가 많다. 중앙정부 관계자의 말을 들어 보자.

> "바이오 벤처 CEO들은 실험실에서 일해 온 과학기술자 출신이라서 그런지 자신이 만든 벽이 너무 강한 사람들이 많은 것 같다. 마음이 열려 있어야 네트워크도 잘 이용해서 협력기술개발도 하고 기업이 발전할 수 있다. 자기 것을 내놓아 함께 성장하는 분위기가 중요하다."

바이오산업진흥원 관계자는 기술개발 이후 경영의 중요성을 다음과 같이 언급했다.

> "기술이나 제품개발 이후에는 경영이 중요하다. 조직관리, 홍보, 판로개척, 해외 시장 개척 등 경영 전반에 걸친 내용들이 모두 중요하다. CTO(기술개발 책임자)를 해야 할 분들이 CEO를 해서 기업이 제대로 크지 못하는 경우도 있다. 지금 CEO 하시는 분들이 기업경영 경험이 없고, 연구개발에 너무 집중하다 보니 경영부문에서 잘 안 되는 점이 많은 것 같다."

사실은 기술개발 이전부터 경영전문가가 참여해야만 상업화 가능한 기술의 개발로 방향을 잡을 수 있다. 과학기술자 혼자의 판단으로 열심히 개발해 놓고 보니 시장성이 없는 기술일 경우가 많다.

(4) 소프트웨어 인프라 구축에 대한 CEO의 인식부족

벤처 창업자들이 소프트웨어 인프라를 요구할 줄 모르는 것도 소프트웨어 인프라 구축이 제대로 되지 않는 이유 중의 하나이다. 기업을 하는 궁극적 이유는 기술을 개발하기 위한 것이 아니고 돈을 벌기 위해서이다. 많은 벤처 CEO들이 기술이나 생산은 그 자체로서는 가치가 미미할 뿐만 아니라 돈을 벌기 위한 시스템의 일부에 지나지 못한다는 사실을 간과하고 있다. 춘천 바이오산업진흥원의 바이오 기업 과학기술자 출신의 경영진은 시행착오를 줄이기 위해 기업 초기보터 경영전문가의 조언을 들을 수 있는 시스템이 되어 있어야 한다고 강조한다.

> "10년 고생하여 연구한 기술을 상업화시키기 위해 벤처 창업하여 다시 수년 동안 돈 · 시간을 투입하여 다듬었는데 나중에 시장성이 없는 것으로 판명되어 기업과 인생이 흔들릴 정도의 고생을 했다. 기술을 개발해 놓고 경영전문가의 조언을 받으면 이미 때가 늦다. 기술개발을 시작하기 전부터 그 기술의 시장성에 대해 판단을 할 수 있는 경영전문가의 도움이 필요하다. 과학기술자 출신 CEO는 무조건 마음을 열어야 하고, 그러한 방식이 벤처 창업보육센터 내에서 상식적이 되도록 하는 분위기를 조성해야 한다."

바이오 벤처의 출발은 기술이지만 초기단계의 기술은 기업가치 창출과정에서 극히 일부분에 지나지 않는다. 기술개발 또는 기술도입과 관련하여 최고경영자나 마케팅 부서에서 요청하여 개발하는 개술은 성공 가능성이 높지만 기술부서에서 시장상황과 유리되어 개발한 기술은 실패할 가능성이 대단히 높다. 지금까지 하드웨어 인프라에 들인 공 이상으로 소프트웨어 인프라 구축 및 운용에 투자를 해야 한다.

(5) 네트워크의 실천적 운용부재

전국적으로 지역혁신이란 단어가 유행하고 있다. 지역혁신을 이루기 위해서는 혁신 구성원의 핵심역량 향상과 혁신 구성원을 이어 주는 네트워크 시스템을 잘 만들어야 한다(신동호 2000). 국내 대부분의 바이오 클러스터에서는 대체로 전시용 네트워크 시스템은 구축해 놓고 있다. A지역 대학에 근무하는 한 교수의 말이다.

> "지역혁신이 유행이다 보니 여기저기서 모두 다 한다. 지금 이 기관에서 하고 있는 지역혁신 세미나는 뜸하게 개최되는데 기업체 사장, 교수, 관계기관 인사 등 몇 명 불러 발표 하나 하고 의견 한 마디씩 하게 한 후 해산한다. 심도 있는 이야기가 나올 수 없다. 전시용 세미나의 전형이다."

네트워크는 우선 구축 되어야 하지만 더 중요한 것은 실천적 운용이다. 전국적으로 구축되고 있는 산업 클러스터 내에 만들어지고 있는 네트워크 시스템들은 아직 제대로 운용되고 있지 않다. 운용을 위해서는 네트워크를 통한 세부 프로그램들이 마련되어야 하고 그에 대한 끊임없는 시행과 검토가 이루어지면서 개선되어 나가야 한다. 교류를 통한 기술 향상 등에 대한 구성원들의 긍정적 태도부족, 네트워크의 운용에 대한 정책당국자의 인식부족, 예산 지원부족, 네트워크 운용담당자의 인센티브 부족 등이 이유일 것이다. 네트워크 운용은 쉽지 않다. 건물과 시설물 구축은 돈만 있으면 되지만 네트워크 운용은 돈도 필요하고, 지속적인 관심과 노력, 열정이 모두 필요하기 때문이다.

(6) 허브 네트워크의 부재

지역 바이오 벤처 기업에 대한 지원육성기관은 산업자원부, 중소기업청, 테크노파크, 중소기업진흥공단, 광역지방정부, 시군, 각 대학 등 매우 다양하다. 그리고 기관별로 지원방식이 다양하다. 지원기관이 많고 지원방식이 다양한 것은 좋은데, 따로 지원문화와 행정역학관계 때문에 비효율적/중복적 지원이 이루어지기 쉽다.

이를테면 '바이오 기업의 마케팅 전략'에 대한 특강은 여러 기관에서 중복적으로 할 필요 없이 한 기관에서 시행하면서 각 기관별 지원기업에 연락하여 함께 수강하도록 하면 된다. 이런 것이 클러스터 네트워크의 장점이다. 현재까지는 이러한 연결체제가 제대로 운용되지 않았다. 지원기관별로 네트워크 구축에 힘을 쏟지만 닫힌 선전용 네트워크에 지나지 못하고 있다. 이러한 네트워크들을 연결하여 시너지 효과를 창출하기 위해서는 허브 네트워크의 구축이 반드시 필요하다.

(7) 물리적 집적과 기능적 연대에 대한 오해

테크노파크, 바이오진흥원 등 하드웨어 지원시설 및 기관이 한곳에 집적되어 있으면 자동적으로 네트워크가 형성되리라는 생각을 하기 쉽다. 거리가 아무리 가까워도 업체 및 지원기관들을 연계시킬 수 있는 소프트웨어 인프라가 구축되고 운용되지 않으면 효율적인 네트워크는 형성되지 않는다. 소프트웨어 인프라 구축은 하드웨어 인프라 구축처럼 하나의 독립된 중요한 일이다.

7) 바이오 산업인력 수급의 문제점

(1) 석 · 박사급 고급인력의 필요

학사급 바이오 전공자는 현재로서도 그 수급에 큰 어려움이 없다. 그리고 2004년부터 중앙정부의 지원 하에 지방별로 바이오 인력 양성사업이 진행되고 있다.

중앙정부의 지원이 향후 5년간 지속될 예정으로 있기 때문에 상당수의 바이오 전공 학사인력이 지역에서 배출될 것이다. 문제는 하이테크 바이오 벤처에서 학사급 인력은 별로 도움이 되지 않는다는 점이다. 그리고 학사급 바이오 인력은 바이오 산업 고유의 연구개발 업종에 취직이 되지 않는다. 춘천에 있는 바이오 기업의 대부분이 바이오 학사인력은 별로 소용이 없다는 데 의견을 같이한다. 의약품개발기업 사장의 지적이다.

> "바이오 벤처에서는 구성원 대부분이 자율적인 실험을 진행할 수 있어야 하는데 학사급 바이오 인력은 아무 소용이 없다. 그렇다고 이들에게 1년 이상 봉급을 주면서까지 실험 기본기를 가르칠 수 있는 자금이나 시간이 없다. 바이오 벤처 기업은 바로 현장에서 실험해 줄 수 있는 석 · 박사 인력이 필요하다."

고부가가치 바이오 벤처에서 필요로 하는 인력은 실험 등 연구개발을 자율적으로 할 수 있는 석 · 박사급 인력이다. 과거 5년간 행해진 BK 프로그램 등을 통해 수도권 대학들이 장학금을 지급하면서 지방대 출신 대학원 지망생들을 대거 모집해 감에 따라 지방대는 학생들에게 좋은 인센티브를 주어도 대학원 지망생을 구하기 힘든 실정이다. 모 지방 대학 유전공학과에 근무하는 교수의 불평이다.

> "지방 대학에서 연구 활동하기는 너무 힘들다. 대학원 학생이 없기 때문이다. 학부 학생일 때 애써 인연을 잘 맺어 놓아도 졸업과 동시에 수도권 소재 대학원으로 가 버린다."

앞으로도 수도권 대학 바이오 분야 교수들이 바이오 관련 대형 연구 프로젝트를 많이 수주할 것으로 예상되므로 연구비 지출을 통한 석 · 박사 독점현상은 계속될 것이다.

(2) 지방 대학에서의 바이오 석 · 박사 양성 활성화 필요

현재 지방 대학들이 중앙정부의 지원금으로 진행하고 있는 누리(NURI) 바이오 인력양성 프로그램만으로는 하이테크 바이오 기업의 고급인력 수급난을 해결하기 힘들다. 이 연구의 특성상 구체적인 내용을 논의하기는 어렵지만 인력수급과 관련된 문제의 인식과 해결방법의 방향성은 정확히 해 볼 필요가 있다. 지방 대학 출신 바이오 석 · 박사를 늘리는 특별한 대책이 있어야 한다. 해당 지역 내 바이오 벤처와 연계한 석 · 박사 프로그램을 운영하면서 각종 인센티브를 제공하는 방법부터 시작해서 대학원생 생활비 지급 등 혁신적인 방법의 바이오 전공 대학원생 유치전략이 필요하다. 우선적으로 현재 시행중인 누리 인력양성사업에서 바이오 학사 지원예산을 대거 바이오 석 · 박사 지원자금으로 전환시켜야 한다.

8) 바이오 산업 정책담당자의 문제점

첨단 바이오 산업을 통해 지역발전을 꾀하고자 처음에는 의욕적으로 출발하나 시간이 흐르면서 열정이 식어 가는 경우가 있다. 바이오 산업의 특성상 그 효과를 단시간에 만들기 힘들므로 몇 년 동안 가시적인 실적 없이 지나가면 리더십을 담당하는 집단에서 지치는 경우도 있고 다른 산업분야에서 발전 동력을 찾아보려는 경우도 생긴다. 이를테면 1997년에 춘천시에서는 국내 최초로 바이오 집적시설 조성사업을 시작했고 이때만 하더라도 첨단 바이오 산업을 통한 지역 발전에 많은 기대가 있었다. 그 당시 정책담당자는 바이오 산업에 대한 확신을 가지고 여러 가지 리더십을 발휘하였으나 세월이 흐르고 정책담당자가 바뀌면서 초기에 보였던 바이오 산업에 대한 열정적 리더십은 여러 갈래로 분산된 느낌을 주고 있다. 춘천시 소재 대학 한 교수의 이야기를 들어 보자.

"춘천은 전국에서 가장 먼저 바이오 진흥구역으로 지정되어 좋은 출발을 했다. 그 당시 책임을 맡았던 정책담당자도 적극적으로 바이오를 지역대표산업으로 밀었다. 그런데 지금은 관광 레포츠 등 여러 가지 분야로 지역의 에너지가 너무 분산되고 있다."

리더십의 중요성에 대해서는 현 국가균형발전위원회 관계자도 다음과 같이 강조했다.

"제대로 된 바이오 클러스터 조성을 위해서는 열정적인 리더십을 가진 사람이 필요하다. IT와는 달리 바이오는 단기간에 승부가 나지 않으므로 지속적인 리더십이 필요하다. 이 지역에는 과거의 열정적인 리더십이 식어 가는 것 같다. 원주는 교수 한 사람이 일에 몰두해서 리더십을 발휘하니 의료기기단지가 잘 만들어지고 있다. 이 지역의 바이오 산업은 초기의 적극적 리더십이 지속적으로 발휘되어야 살아날 수 있다.

샌디에이고 바이오 클러스터는 샌디에이고대학(UCSD)의 애트킨슨 총장과 수잔 골딩 샌디에이고 시장이 장기간 헌신적 리더십을 발휘한 데서 생긴 작품이다. 시장, 대학총장 또는 유사한 위치에 있을 수 있는 정책담당자들이 바이오 산업에 대해 특별한 열정을 가지지 않는 한 바이오 클러스터의 비약적 발전은 기대하기 힘들다.

3. 바이오 클러스터 구축시 유의요인

전세계에 산재한 바이오 클러스터들은 대부분 조성되는 중이라 아직 초기단계에 머물러 있다. 샌프란시스코 베이, 케임브리지, 샌디에이고 등이 성공적인 바이오 클러스터들로 널리 알려졌으나 클러스터들조차 아직 성숙단계에 이르지는 못했다. 사실 바이오 클러스터 조성에는 타 산업과 달리 장구한 세월이 요구되므로 아직은 결과를 가지고 논할 시기가 아니다. 즉 "이렇게 하면 실패한다"라는 실증적 결과가 없다. 특히 최근에 바이오 클러스터 구축을 시작한 우리나라의 경우 성공 또는 실패를 논할 사례가 하나도 없다. 다만 시행착오를 줄이고 보다 효율적인 바이오 클러스터 구축을 위해서는 성공요인뿐만 아니라 실패 가능성을 높이는 요인들도 심사숙고해야 할 것으로 보인다. 아래와 같은 사항들에 유의하지 않고 바이오 클러스터를 구축하면 실패할 가능성이 높아지므로 구축단계에서 이러한 요인들을 최소화해야 할 것이다.

1) IT산업 육성방안과 유사한 정책 피하기

(1) IT산업 육성방안 복사는 하이테크 바이오 기업의 소멸 초래

우리나라에서는 첨단산업이라면 우선 IT산업을 떠올린다. 그리고 대부분의 첨단산업에서 IT산업의 육성방안을 복사하여 사용하는 경향이 있다. 그러나 IT산업의 육성방안을 바이오 산업에 동일하게 적용하면 실패할 가능성이 높다. 중소기업청, 테크노파크, 바이오산업진흥원 등에서 사용하는 각종 평가기준들 중 가장 중요한 것이 재래식 산업 또는 IT산업에서 사용하는 현재 매출액과 향후 3년간 예상매출액이다. 바이오 산업은 이런 기준들로서는 육성이 불가능하다. 정책자금 등 각종 지원책을 사용할 때 이런 기준을 적용하면 저부가가치 바이오 기술기업만 남고 하이테크 바이오 기업은 모두 소멸될 수밖에 없다. 이를테면 가장 부가가치가 높은 의약품 개발 바이오 기업은 성공하기 전까지 매출이 거의 발생하지 않기 때문이다. 현재 각종 지원기관에서 사용하는 평가기준들에는 하이테크 바이오 산업을 육성하는 데 저해요인이 되는 것이 많다. 매출액을 지나치게 강조하는 코스닥의 상장기준도 하이테크 바이오 산업발전에 저해요인이 되고 있다. 가장 고부가가치 바이오인 의약품 개발 바이오 기업을 평가하고 지원하기 위한 기준의 설정이 필요하다.

(2) 투자회수기간의 차이

IT벤처는 투자회수기간이 2년 내지 5년 정도로 짧고 미래가 어느 정도 가시적인 데 반해 첨단 바이오 벤처는 투자회수기간이 짧아야 5년이고 의약품 개발인 경우 15년을 초과할 수도 있다. IT산업 투자에서와 같은 기준과 단기간의 성과기대를 가지고 바이오 산업에 투자하면 중도하차할 수밖에 없다. 바이오는 빈 독에 물 붓는 심정으로 장기간 투자해야 그 결실을 기대할 수 있다.

(3) IT보다 기술평가가 힘든 BT

IT기술인 경우 여러 가지 방법으로 그 기술의 가치를 평가할 수 있다. 그러나 바이오의 경우 기술의 범위가 무한대이고, 실험 대상이 기계가 아닌 사람이며, 새로운 학문적 패러다임이 계속 등장하고 있으므로 기술평가가 불가능한 경우가 많다. 사료나 기능성 식품 같은 단순 기술은 평가가 어렵지 않으나 의약품 개발 같은 고급 바이오 기술은 객관적 기술평가가 대단히 어렵다. 사실 의약품 개발기술은 국내에서 평가가 거의 불가능하다. 고급 바이오 기술은 그 자체를 평가하기보다는 개발하는 사람이나 기업의 능력에 따른 간접적인 평가를 하는 수밖에 없다.

(4) 결과까지 시간이 많이 걸리는 바이오 산업

IT산업은 번득이는 아이디어로도 성공할 수 있다. 이를테면 미국의 야

후(Yahoo), 한국의 다음(daum) 등 성공한 인터넷 기업들은 20대나 30대의 사람들이 약간의 아이디어와 사업추진력으로 시장선점효과를 통해 성공한 사례이다. 바이오 산업은 다르다. 일생을 걸고 개발한 연구성과를 사업화시키는 것이다. 바이오 기술 연구개발자는 나이가 많을 수밖에 없고 사업의 정열 또한 식어 갈 수밖에 없다. 사업화를 위한 각종 경영지원뿐만 아니라, 필요한 경우 사업가로서의 정열까지 수혈해 주어야 하는 것이 바이오 산업이다.

2) 지역의 현실과 유리된 정책 피하기

(1) 중앙정부로부터의 획일적 정책

우리나라는 전세계에 유례없는 강력한 중앙집권 시스템을 유지하고 있다(김원동 2003). 따라서 현장에 있는 정책담당 실무자들의 생각보다는 중앙으로부터의 지침이 훨씬 중요하게 취급되는 경향이 많다. 자금 및 정책적 구속력을 가진 중앙정부의 각 부처(재경부, 산업자원부 등)에서는 각 지역의 개별 사정을 잘 모르므로 지역발전을 위한 자금의 용도와 결과에 대해 전국적으로 획일화된 기준을 적용하게 된다. 따라서 각 지역의 특색을 살리기보다는 중앙정부 관료들의 기준에 맞추는 정책을 시행할 가능성이 크다. 즉 지역의 현실과 유리된 정책이 얼마든지 추진될 수 있다. 지방분권이 더 진행되면 조금은 나아지겠지만 아직까지는 지역에 맞는 발전정책을 시행하는 데 이 중앙집권 시스템이 저해요인으로 작용하고 있다. 바이오 클러스터의 경우도 마찬가지로 지역을 잘 모르나 예산권을 가지고 있는 중앙관료들의 기준에 맞도록 구축방안을 마련할 가능성이 크다. 소프트웨어 구축보다는 건물 짓는 데 치중하는 것도 중앙에 대한 보고용으로 부담이 적기 때문이다.

(2) 지역의 능력이 감안되지 않는 정책

바이오 클러스터 구축을 추진하는 각 지방정부는 첨단 바이오 산업 활성화를 통한 지역경제발전을 홍보하고 있다. 과연 한국에서 암젠이나 하이브리테크 같은 첨단 바이오 벤처가 얼마나 나올 수 있을까? 2003년 산업연구원에서 조사(김주한, 김선배, 최윤희 2003)한 바에 따르면 한국의 16개 바이오 클러스터 구축지역 중 연구개발형 바이오 클러스터로 분류될 수 있는 곳은 대전밖에 없다고 한다. 대전조차도 산학연계가 부실한 상태라 가까운 시일 내에 가시적인 성과는 보이기 힘든 것으로 평가되었다. 바이오 클러스터를 충실히 구축해 나가기 위해서는 꿈도 필요하지만 현실적으로 이룰 수 있는 내용도 중요하다. 냉정하게 지역여건을 고려하여 클러스터 내 바이오 산업의 성격을 규정해 나가야 할 것이다. 국내 각 지역의 바이오진흥원에 입주해 있는 바이오 기업들 중에서 의약품 개발로 분류될 수 있는 바이오 기업은 극소수이다. 의약품 개발기업은 영원히 그 꿈을 못 이룰 수도 있으므로 바이오 칩, 기능성 식품 등의 분야에서 현실적인 토대를 만들어 가면서 신약 개발이라는 꿈을 가져야 할 것이다. 다만, 창업 전 단계에 있는 신약원료 개발기술 등 고부가가치 기술에 대한 조사 및 기업화 유도사업은 지속적으로 추진해야 한다.

3) 연구개발 바이오와 시장수요 중심 바이오의 구분 지원 필요

(1) 고부가가치 바이오 기업에 대한 차별적 육성정책

대부분의 국내 바이오 기업들은 단기적으로 매출을 올릴 수 있는 생물환경, 기능성 식품, 생물소재 및 화장품에 종사하고 있으므로 장기적으로 분사를 통한 첨단 바이오 비즈니스 생태계 조성에 도움이 되기는 힘들다. 고부가가치를 창출하고 바이오 클러스터 구축에 혁명적인 상승효과를 일으킬 수 있는 의약품 계열의 바이오 기업들을 차별적으로 육성할 필요가 있다.

(2) 고급기술/시장수요 중심 바이오 기업에 대한 차별적 육성정책

각 지역의 바이오 산업이 처한 위상과 미래의 바이오 산업이 주는 사업의 기회와 경제적 효익, 산업구조의 고도화 등을 감안하여, 기술 중심/장기투자/고위험/고수익에 해당하는 바이오 업종과 시장수요 중심/단기투자/저위험/저수익 해당 업종의 두 부분으로 나누어 바이오 기업 육성정책을 수행해야 한다. 성장과정이 다르고 성공효과가 다른 기업군을 동일한 기준으로 지원하는 현재의 시스템은 개선되어야 한다. 의약품을 개발하는 첨단 바이오 벤처는 성공할 때까지 매출액이 거의 없지만 성공했을 경우의 산업진작효과는 대단히 크다. 의약품개발 벤처에 기능성 식품 개발 바이오 기업의 기준을 적용하는 것은 맞지 않다.

4. 바이오 클러스터의 육성방법

1) 소프트웨어적 정책 활용

(1) 부족한 비즈니스 에코 시스템

8년 전 우리나라에서 가장 먼저 바이오 집적시설 구축사업을 시작한 춘천은 클러스터 발전에 필요한 스타 기업 부재, 지식기반, 자금, 소프트웨어 인프라 등이 전반적으로 부족하다. 중앙정부의 대규모 지원 하에 바이오 클러스터 형성이 신속하게 이루어지고 있는 충북 오송 지역도 이런 비즈니스 에코 시스템 구축을 위한 계획이 제대로 마련되어 있지 않다. 국내 바이오 클러스터 대부분에는 비즈니스 에코 시스템도 제대로 마련되지 않았고 제대로 된 성공기업 사례 또한 아직 없다. 그리고 바이오 클러스터 구축 관계자들이 아직까지 비즈니스 에코 시스템에 대한 중요성을 인식하고 있는 것으로 보이지 않는다. 성공적인 바이오 클러스터 구축을 위해서는 하드웨어 인프라 조성과 함께 비즈니스 에코 시스템 구축계획이 수반되어야 한다.

(2) 소프트웨어적 육성방안을 통한 해결

'필요는 성공의 어머니' 라는 간단한 경구를 생각해 볼 필요가 있다. 샌디에이고도 지역산업의 쇠퇴, 국가연구소의 유치실패 등 여러 가지 불리한 여건을 타개하기 위해 UCSD CONNECT 설립 등을 포함한 여러 가지 노력을 하는 가운데 오히려 태생적 여건이 훨씬 좋은 지역보다도 바이오 클러스터를 더 훌륭하게 발전시킬 수 있었다. 정책 책임자의 바이오 관련 리더십 유도, 스타 기업 육성, 허브 네트워크의 조성, 지주 바이오 회사의 설립 등 아이디어성 대안을 끊임없이 생각하고 추진해야 한다.

2) 스타 기업 집중 육성

(1) 바이오 스타 기업 창출

2004년 현재 스타 기업 육성 프로젝트가 전국적으로 유행하고 있다. 진부한 면이 있지만 스타 기업이 탄생하면 전후방 산업진작효과, 분사 효과 등 클러스터 형성에 파격적인 진작효과를 기대할 수 있다. 이미 해외의 여러 선진 바이오 클러스터에서 스타 기업 탄생으로 인한 효과가 입증되었다.

(2) 바이오 스타 기업 창출을 위한 비즈니스 에코 시스템의 중요성

스타 기업은 단순한 포상 또는 정책자금 집중만으로는 탄생되지 않는다. 스타 기업 탄생을 위한 비즈니스 환경과 선택과 집중의 논리에 입각한 정책적 지원이 잘 조화되어야 스타 기업 탄생 가능성이 높아진다. A지역 전략산업기획단 관계자는 이 점을 특별히 강조했다.

> "스타 기업은 비즈니스 에코 시스템을 통해 자연스럽게 탄생되는 것이지 상금을 지급한다고 해서 스타 기업이 되는 것이 아니다. 스타 기업 탄생을 위한 비즈니스 에코 시스템을 마련하는 것이 중요하다."

3) 맞춤형 바이오 산업육성정책

(1) 고부가가치 바이오와 시장 중심 바이오의 차별화

신약후보물질을 개발하는 고부가가치 바이오 기업은 성공 직전까지 매출은 하나도 발생하지 않는다. 의약품 개발사업은 최첨단의 기술수준이 요구되면서 성공할 확률은 매우 적은 모험산업이나 성공하면 엄청난 바이오 클러스터 발전효과를 동반한다. 극단적으로 의약품 개발사업만이 진정한 바이오 산업이라고 A지역 전략산업기획단 관계자는 주장하기도 한다.

> "기능성 식품은 엄격히 말해 우리가 꿈꾸는 바이오가 아니다. 바이오 칩 개발업체도 진정한 고부가가치 바이오라 할 수 없다. 생명과학자들에게 꿈을 심어 주고 창업 희망을 가지게 하면서, 고도의 생명과학기술 증진효과를 가져올 수 있는 의약품 개발기업이 꿈과 모험정신을 가진 진정한 바이오 기업이다."

반면 기능성 식품이나 사료분야의 시장 중심 바이오 기업들은 시작부터 꾸준한 매출이 발생하는 장점이 있는 저위험/저수익사업이다. 최첨단기술도 필요 없는 상대적으로 안정된 사업이다. 그런데 성공하더라도 그 파급 효과는 제한적이다.

(2) 연구개발/시장 중심 바이오 기업을 구분한 지원책

이 두 가지 기업군이 일반적으로 동일 지역의 바이오진흥원 내에 함께 혼재해 있다. 그리고 일반적으로 동일한 기준 하에 평가를 받는다. 함께 입주해 있으니 기업의 목소리 크기도 동일하다. 잘못된 지원방식이다. 입주 건물도 다르고 지원방식도 달라야 한다. 이미 함께 있고, 지원을 해야 하는 것은 어쩔 수 없다고 하더라도 향후의 평가기준과 지원방식에서는 완전히 다른 모듈을 사용해야 할 것이다. A지역 바이오진흥원 관계자의 말이다.

> "꿈이 큰 것은 의약품 개발기업 등 고부가가치 바이오 기업이지만 그 꿈을 현실화시키기는 쉽지 않습니다. 기능성 식품기업은 바이오 산업 진작효과가 약하지만 매출 및 고용 등의 기여가 있고 비교적 단기간에 가능성을 보이는 장점이 있습니다. 따라서 여러 종류의 기업을 함께 육성하는 정책이 필요합니다. 물론 다른 모듈로 지원하는 것은 검토해 볼 만합니다."

4) 외부 기업, 연구소 유치

중대형 제약사가 클러스터 내에 있으면 전후방 산업진작효과를 높일 수 있다. 중대형 제약사의 존재 자체로 초창기 클러스터의 가치는 높아진다. 또한 클러스터 내의 바이오 벤처 기업들과 면 대 면 교류를 통해 상호 지식자본을 넓히면서 기술 및 자본교류뿐만 아니라 자본 및 경영자원의 지원을 기대할 수 있다. 또한 바이오 관련 연구소 및 국책기관이 유치되고 역내 네트워크화되면 이들 기관의 지원으로 바이오 클러스터의 발전은 가속화될 수 있다. 쉬운 일은 아니지만 각 지역의 정책담당자를 비롯한 관련자들이 적극적으로 추진해야 할 필요가 있다. 춘천시의 한 관계자는 다음과 같이 지역의 기업유치의지를 피력했다.

> "2004년에 한화제약 및 이룸을 춘천에 유치했다. 다른 기업도 계속 시도중이다. 토지제공 등 각종 파격적 인센티브도 고려 대상에 있다. 이를 위해 거두리에 바이오 산업단지도 조성 예정이다. 4년 후 고속도로와 전철이 개통되면 천안보다 춘천이 서울에 더 가까워지니까 기업유치가 쉬워질 것이다. 국책 바이오 연구소들은 안타깝게도 대거 충북 오송으로 가게 되었지만 기업유치실적은 좋아질 것이다."

5) 기존 네트워크의 효율화와 허브 네트워크의 설립

(1) 소프트웨어 인프라에 집중 필요

국내 대부분의 바이오 산업진흥구역에서는 집적시설 등 하드웨어 인프라는 어느 정도 갖추어지고 있다. 그런데 건물 등 하드웨어 인프라는 예산만 확보되면 갖출 수 있으므로 가장 실행하기 쉬운 것만 지금까지 한 것으로 혹평할 수도 있다. 이제는 소프트웨어 인프라에 집중할 필요가 있다. 소프트웨어 인프라는 하드웨어 인프라에 비해 예산은 적게 소요될지 모르나 끊임없는 노력을 요구한다는 점에서 제대로 구축하고 운용하기가 매우 힘들다. 소프트웨어 인프라는 그 성격상 눈에 보이지 않으므로 그 역할을 간과하기 쉬우나 사실 하드웨어 인프라 이상으로 중요하다. 컴퓨터를 움직이는 데 주도적 역할을 하는 것은 하드웨어보다는 소프트웨어이다.

(2) 초기 기술 이상의 부가가치를 고양시키는 창업보육센터 필요

국내 바이오 집적시설에 입주해 있는 바이오 벤처 기업들은 대부분 초기 기술만 개발한 상태에 계속 머물러 있다. 그리고 그 이후의 진행상황에 대해서는 아무런 경영노하우와 자본투입이 없이 기업을 운영하고 있다. 기술개발자로서 창업한 사장들이 계속 사장을 맡고 있으며 전문경영인을 CEO로 영입할 여유도 없다. 기술교류를 통한 첨단화. 법률, 조직경영, 마케팅, 해외진출 등을 지원하기 위한 것이 소프트웨어 인프라이다. 이 책 4장에는 이에 대한 벤치마킹 자료로서, 샌디에이고의 UCSD CONNECT에서 운용하는 각종 프로그램이 상세히 소개되어 있다.

(3) 열린 네트워크를 통한 바이오 벤처 CEO들의 자기 평가

국내 바이오 벤처 기업들의 CEO 대분분이 기술개발에 승부를 걸고 회사를 시작했다. 그런데 이들 중 상당수가 기업 초기에 자신이 가진 기술가치와 성공한 후의 기업가치가 유사한 것으로 착각하는 경향이 있다. 이를테면 성공하였을 경우 예상되는 기업가치가 1,000억 원이면 자기 기술의 가치도 1,000억 원쯤 되는 것으로 생각하는 경향이 있다. 사실 초기 기술의 가치는 1억 원이 안 될 수도 있다. 실지로 국내 바이오 벤처 기업들이 가진 기술을 지금 당장 국내 제약사에 기술 이전할 경우 1억 원도 받기가 쉽지 않을 것이다. 국내 중견제약회사의 관계자의 말이다.

> "바이오 벤처 하는 사람들은 환상에 잡혀 자기 최면을 거는 경향이 있다. 그들은 자기네 기술이 수백억 원 가치라고 생각한다. 우리로서는 국내 바이오 벤처가 개발한 바이오 기술은 5,000만 원도 주고 사기도 힘들다. 기초단계의 기술을 우리가 사더라도 상품화되기까지는 상업화 기술로의 전환, 생산, 마케팅 등 무수한 비용이 들어간다. 그래도 성공할 확률이 10%나 되겠는가?"

기술개발은 기업성공의 여정에서 있어 시작에 불과할 뿐이다. 초기의 기술가치는 적정 매출액을 달성하는 등 성공하였을 경우 예상되는 총 기업가치의 7%도 되지 않는다는 것이 일반적인 평이다. 바이오 벤처의 성공

확률이 5%라면 현재 기업가치는 성공하였을 때 기업가치의 0.35%도 되지 않는 것이다. 바이오 벤처 CEO들의 자기 환상을 걷어낼 필요가 있다. 그래야만 그동안 아까워서 못 내놓은 것도 별것 아닌 줄 알고 마음을 열면서 협력/기술교류/ 네트워크 형성이 효율적으로 이루어질 수 있다. 물론 기술개발 이후의 일은 네트워크 등 지원기관에서 도와주어야 한다. 기술의 상품화, 경영전략수립, 생산, 마케팅, 판매, 회계, 펀딩, 홍보 등 최종 기업가치의 90% 이상을 차지하는 경영부문에 대해서 이들 CEO들은 문외한이다. 이들 대부분은 오래 전에 흘러간 공급자 우위시대의 사고방식을 가지고 있으며 물건을 잘 만들면 자동적으로 팔리는 줄 알고 있다. 오랜 세월 연구를 해 오다 보니 자신의 일에 대한 자기 환상적 가치부여에 익숙해 있다. 그리고 지원기관들조차 그 CEO들의 논리를 따라서 정책수립을 하는 경향이 있다. 자신의 기술이 기업성공에서 차지하는 비중이 얼마 되지 않는다는 사실을 제대로 깨우치는 것이 대단히 중요하다. 사업실패를 통해 경영의 중요성을 알았을 때에는 이미 돌이킬 수 없는 상태가 되었을 경우가 많다. 가능한 한 기업발전 초기단계에서 바이오 CEO들에게 실천적인 경영교육을 제공하여 환상에서 벗어나 냉정한 기업발전계획을 수립하도록 지원해야 할 것이다.

6) 혁신 구성원의 리더십과 참여 인센티브 제공

(1) 헌신적 리더십

샌디에이고 바이오 클러스터가 성공을 한 기본바탕에는 애트킨슨 UCSD 총장과 수잔 골딩 샌디에이고 시장의 헌신적인 리더십이 있었다. 과연 국내 각 바이오 산업진흥구역의 행정기관 및 대학의 책임자들이 바이오 산업에 얼마나 열중하고 있는지를 돌아볼 필요가 있다. 사실 시장이나 총장이 다양한 이해관계로 인해 바이오 산업에 적극적 관심을 가지기 힘들더라도 교수나 주요 공직자들이 해당 지역에서 리더십을 발휘하면 바이오 클러스터 구축을 성공적으로 진행할 수 있다. 세계 최고의 벤처 단지인 실리콘밸리의 초창기에서는 스탠퍼드대학의 터먼 교수의 리더십이 중요한 시동 엔진이었다. 국내에서는 원주, 진주 등에서 지역 대학 교수들의 적극적 리더십과 참여로 산뜻한 출발을 하고 있다. 지역의 바이오 클러스터가 발전하려면 책임자, 또는 관련자들의 적극적인 리더십이 반드시 필요하다.

(2) 혁신 구성원의 적극적 참여

기본적으로 바이오 기업사장들은 기업의 흥망성쇠가 본인의 장래와 직접 연관된 만큼 도덕적 해이가 있을 수 없다. 그러나 바이오 클러스터는 기업집단만으로는 성장할 수 없고 관련된 모든 기관들이 유기적 네트워크를 가지고 협조적으로 잘 움직일 때 제대로 성장할 수 있다. 각 지역의 바이오 클러스터 내에는 광역지방자치단체, 시군, 바이오 진흥원, 중소기업청, 테크노파크, 대학 등 많은 지원기관이 있다. 그리고 이러한 지원기관의 관련자들이 바이오 기업육성에 적극적인 의지를 가지고 참여할 때 바이오 클러스터의 진정한 발전을 기대할 수 있다.

(3) 인센티브 시스템 고안

샌디에이고 성공의 배경에는 리더십뿐만 아니라 조직 구성원들에게 결과와 보상을 연결하는 미국식 인센티브 시스템이 있었다. 국내에서는 현재와 같은 인센티브 시스템으로는 구성원들의 적극적 참여를 기대하기 힘들다. 이를테면 대학 교수들이 현재와 같이 학술 연구실적에 의해서만 자신의 업적을 평가받는 이상 바이오 클러스터 형성에 적극적인 참여를 할 인센티브가 없다. 그런데 산학협동 노력을 학술 연구와 비슷한 비중으로 대학 교수들의 업적평가에 포함시킨다면 교수들의 산학협동 참여도는 훨씬 높아질 것이다. 기타 금전적 보상, 승진 등도 방법이 될 수 있다. 이러한 인센티브 시스템을 바탕으로 1인 1사 컨설팅 또는 공무원, 교수, 기타 전문가로 지원팀을 만드는 방법들을 사용하면 훨씬 효과적인 육성방법이 될 것이다. 봉사정신의 강조나 업무상 기본적으로 해야 한다는 당위성만으로는 적극적 참여는 기대하기 힘들고 네트워크 시스템은 제대로 작동되지 않는다. 지역의 바이오 클러스터 형성에 참여하는 모든 혁신 구성원이 윈윈(win-win)할 수 있는 시스템이 고안되어야 한다.

(4) 집중화 분야의 선택

광의의 의미로 볼 때 바이오 산업은 아주 다양하다. 식품, 사료, 화장품, 기능성 식품, 진단칩, 의약품 등이 모두 바이오 산업에 해당된다. 식품 및 사료는 단기간에 매출을 올리는 효과가 있으나 전후방 산업진작효과 등을 통한 바이오 클러스터 형성효과는 미약하다. 한편 신약 개발로 대표되는 의약품은 고도의 기술 및 투자가 요구되며 기초기술이 있더라도 성과를 보기까지는 장구한 세월이 걸린다. 당장 매출액 등 표면적인 성과를 보이기에는 식품이나 사료, 기능성 식품 등이 편리하나 이러한 분야는 그 성장성에 한계가 있다. 역시 의약품 기업이 성공한다면 바이오 클러스터 발전에 가장 도움이 된다. 물론 의약품 개발은 장구한 세월이 요구되므로 기업이나 지원기관 모두 열심히 하는 가운데 '은근과 끈기'의 지혜가 요구된다. 또 하나의 틈새분야로서 현장진단기기(바이오 진단 칩과 동의어로 사용)를 들 수 있다.

성장성과 산업 품격 측면에서는 의약품 개발보다는 한층 떨어지지만 이 또한 하이테크 기술을 요구하고 있고 세계적으로 시장이 확대하고 있으며, 현재 국내 각 대학과 지역 바이오 기업의 기술력으로 도전해 볼 만한 분야이므로 집중의 대상이 될 만하다.

7) 바이오 지주회사 설립

(1) 바이오 진흥구역 내 바이오 산업의 현황

국내 바이오 벤처 대부분은 상품화 기술을 개발중인 초기단계에 머물러 있다. 기술이 개발되고 나면 이 기업들은 어떻게 사업을 펼쳐 나가야 할지 막막한 상태에 있다. 심지어는 지금 개발중인 기술이 상업화가 가능한 것인지 여부에 대한 객관적인 판단도 없이 정부 연구비 등의 지원을 받아 가며 기술을 개발하고 있다. 이 기업의 CEO들은 기술개발능력은 있을지 모르나 기업의 성공을 위해 추가적으로 필요한 경영전략, 마케팅, 조직화, 자금조달 등 경영 전반에 걸친 능력이 있는 것으로 보이지는 않는다. 경영학을 공부할 기회도 실무에서 훈련받을 기회도 없이 '기술개발은 곧 성공' 이라는 생각으로 기업을 시작한 사람들이다. 특단의 조치 없이는 상품화되지 않는 기술로 2~3년 이내에 사라질 기업들이 많다. 원래 안 될 기술을 가지고 벤처를 시작한 경우는 소멸될 수밖에 없지만 상업화 가능성이 있는 기술도 함께 사장될 가능성이 높은 것이 문제이다. 경영부분에 혁신적인 도움이 필요하다. 네트워크의 적극적 운용을 통해 도와줄 수는 있지만 간접적 도움에 불과하다.

(2) 경영부문을 담당할 지주회사의 설립

경영능력이 부족한 바이오 진흥구역 내 중소 바이오 벤처 기업들의 경영부분 업무를 총괄해 주는 경영담당지주회사의 설립을 검토해 볼 만하다. 이 지주회사는 단순히 지분만으로 형성되는 회사가 아니고 개별기업들의 경영을 담당해 주는 회사이다. 개별 바이오 기업들에서는 기술개발과 생산만을 담당하고 지주회사에서 각 분야별 경영전문가가 경영전략수립, 마케팅, 홍보, 판매, 회계, 자금조달 등의 일을 해 주면 된다. 바이오 지주회사는 전문성과 효율성, 운영경비절약 등 경영부분에 관한 모든 것을 규모경제효과와 전문성을 가지고 담당하게 된다. 또한 개별 바이오 기업이 외부자금을 유치하기는 힘들지만 '00지역 바이오 지주회사'의 이름과 네트워크로 외부자금을 유치하기는 쉽다. 기술은 괜찮으나 경영부분이 부족해서 어려움을 겪는 많은 회사들을 살리고 개별기업의 기업가치도 높일 수 있다. 물론 거대 규모의 자본금 마련, 지분관계의 정리, 부실화에 대한 우려 등 지주회사의 설립에는 많은 어려움이 따를 것으로 예상된다. 하지만 지역 바이오 지주회사는 특정 지역 바이오 클러스터 발전에 결정적 계기를 제공할 가능성이 있는 만큼 적극적 검토가 필요하다.

6장 지역혁신발전 5개년 계획과 바이오 산업 육성 — 강원도 춘천 지역을 중심으로

2003년 참여정부가 시작한 이래 지역균형발전전략의 일환으로 각 지방정부에 지역혁신의 개념으로 지역발전계획을 수립하도록 함으로써, 2004년에는 전국적으로 각 지역마다 지역혁신발전계획이 수립되었다. 그리고 2005년 현재 지역혁신발전계획을 지역발전의 밑그림으로 하여 세부적인 발전정책을 실천에 옮기고 있다.

이 책에서 소개하는 지역혁신발전계획은 춘천의 바이오 산업 발전을 위한 지역혁신계획을 요약해 놓은 것이다. 국내에서는 춘천이 하이테크 바이오 산업 진흥사업을 가장 먼저 시작했다. 여러 지역의 혁신계획을 살펴본 결과 바이오 클러스터 발전을 위한 아이디어와 구체적 실천력에서 아직까지는 춘천 지역이 국내에서 가장 앞서 있는 것으로 판단되어 이 장에서 특별히 소개하고자 한다. 좀 더 자세한 사항은 '〈부록 1〉 춘천시 바이오 산업 추진현황' 에 수록되어 있다.

한편 충청북도도 오송 지역을 중심으로 한 바이오 전략산업발전을 통해

지역발전을 모색하고 있다. 각종 바이오 관련

각종 국책연구소가 오송 지역으로 집중되고 있으므로 향후 이 지역을 중심으로 국내에서 가장 규모 있는 바이오 클러스터가 조성될 것으로 보인다. 현재까지는 계획상으로 볼 때 충청북도가 가장 바이오 산업진흥의 규모 면에서 월등한 입장에 있다. 충북 지역은 전략분야를 바이오 신약, 인공장기, 기능성 식품의 세 가지로 하여 바이오 산업발전 지역혁신계획을 수립해 놓고 있다. 자세한 내용은 '〈부록 2〉 충북 지역혁신 5개년 계획'을 참고하면 된다.

일반적으로 달성 가능성과 효율성에 집중하는 민간부문의 발전계획과는 달리 공공부문의 발전계획은 홍보와 구성원의 희망 위주로 작성되는 측면이 있다. 지방자치단체의 지역혁신발전계획은 그 성격상 불가피하게 대 주민홍보용 및 상급기관으로부터의 예산확보용 내용도 함께 담을 수밖에 없다.

이러한 혁신계획의 한계점을 고려한 가운데 이 글에서는 강원도 및 춘천시 지역혁신발전 5개년 계획을 타 지역 바이오 클러스터 구축계획에 참고가 될 수 있도록 요약해 보았다. 춘천의 지역 바이오 산업 혁신발전계획은 지역 구성원의 미래 희망과 예측 가능한 일들을 총망라하여 비전과 실행방안까지 요약해 놓았다는 점에서 과거의 일반적인 공공부문 발전계획보다는 훨씬 더 실행 가능성을 염두에 둔 계획이라고 할 수 있다.

1. 지역혁신발전 5개년 계획(2005~2009) 중 바이오 부문 요약: 춘천시의 예

1) 일반현황

(1) 순조로운 하드웨어 인프라 구축

춘천시는 1998년 바이오 산업 육성 시범도시로 선정되어 자치단체 최초로 '바이오 산업벤처기업지원센터'와 '바이오 벤처 플라자'가 건립되었다. 벤처 기업 육성 촉진지구로 선정되고, 바이오 산업이 강원도 발전을 위한 4대 전략산업으로 선정되는 등 성과를 거두었다. 현재 창업보육단계, 성장보육단계, 정착단계에 있는 기업들이 함께 존재하여 발전하고 있는 상황이다. 〈표 6-1〉에서 보는 바와 같이 하드웨어 인프라는 지속적으로 구축중에 있다(〈부록 1〉).

(2) 다양한 지원기반

춘천 바이오산업진흥원을 중심으로 강원테크노파크 춘천분소와 강원전략산업기획단이 지원기관으로 활동하고 있다. 한림대 RRC, 강원대 SRC 등 대학을 중심으로 연구개발사업이 활발히 추진중에 있으며 누리(NURI) 대형 과제가 선정되어 안정적인 전문인력 양성의 기반이 마련되고 있다.

〈표 6-1〉 춘천 바이오 클러스터 인프라 구축현황 및 계획

	'98	'99	'00	'01	'02	'03	'04	'05	'06	'07	'08	'09
	바이오 산업시범도시선정							강원도 4대 전략산업 선정				
	벤처 기업 육성 촉진지구 지정											
지원 기관	바이오 산업벤처기업지원센터					춘천 바이오산업진흥원						
						강원전략산업기획단						
							강원테크노파크					
				한림대 산학협력단(01), 강원대 산학협력단(03)								
							기술이전센터(한림대)					
	창업보육센터(강원대, 한림대)											
					기술지도대학(강원대)							
				한국발명진흥회 강원지회								
자금 지원	포테이토(98), 좋은엔젤(99), 강원벤처펀드(00)											
HW 구축	하이테크 벤처 타운											
				바이오 벤처 플라자								
					바이오 (융합)단지							
연구 개발				한림대 실버바이오 산업기술연구센터(RRC)								
						지역특화기술개발사업						
				강원대 SRC 혈관연구센터(01), 한국기초연구원 춘천분원(03)								
	산학연컨소시엄(강원대, 한림대)											
인력 양성								NURI 대형과제로 바이오 선정 산학협력중심대학(강원대)				
RIS								춘천시 지역혁신협의회 설립 활동 인간/생명RIS연구회 설립 활동				
네트워크								벤처 비지니스살롱				

자료: 춘천시 지역혁신발전 5개년 계획에서 요약

2) SWOT(강점/약점/기회/위협) 분석

〈표 6-2〉 춘천 바이오 클러스터 SWOT 분석

강점(Strength)	약점(Weakness)
· 지자체의 의지 · 지원 인프라(진흥원, TP등) 구축 · 하드웨어 인프라 확보(센터, 플라자) · 바이오 산업 고급인력 풍부 · 전문인력 양성 인프라 확보(NURI) · 연구역량 보유(RRC, SRC 등)	· 경쟁력 있는 바이오 산업분야가 없음 · 기술개발 및 기술이전 지원조직 미약 · 예비창업자 발굴 육성 인프라 취약 · 벤처 기업 업체 수 미약(50여 개) · 전문인력간 네트워크 취약 · 유통 인프라 미흡
기회(Opportunity)	**위협(Threat)**
· 강원도 4대 전략산업 선정 · 교통망 확충(고속도로 및 철도복선화) · 수도권 편입 가속화 · 웰빙 붐에 따른 건강식품 수요증가 · 동북아지역간 교류확대	· 바이오 분야의 국내외 지역간 경쟁심화 · 건강식품 관련 법규강화

3) 목표 및 추진전략

(1) 목표와 전략

2010년까지 벤처 기업을 35개에서 101개로, 매출액은 320억에서 1,800억, 고용인원은 334명에서 1,200명으로 증가시키는 것을 목표로 하고 있다. 목표를 달성하기 위한 추진전략으로는 일반적인 바이오 클러스터링 발전 방법을 문자화시켜 놓은 Biospring 101을 만들어 놓은 상태이다. 세부육성 방안은 아직 작성되지 않은 상태이다. 타 지역과 차별화된 전략특화분야, 하드웨어 인프라 확충, 기술개발 및 기술이전 지원기관, 전문인력 양성, One Stop Service 시스템에 의한 창업보육, 네트워킹, 국제화 등을 주요 골자로 하고 있다.

한국을 대표하는 순환형 바이오 클러스터 구축

최종목표	추진전략
• 벤처기업 35개 ⇒ 101개 • 매출액 320억 ⇒ 1,800억 • 고용창출 334명 ⇒ 1,200명	**Biospring101** Spring은 도약과 그 발판으로서의 ' '을 의미 • Silver & Green 실버 및 청정바이오 분야로 선택집중 • Progress 기존체제의 바탕 위에서 계승발전(기존 인프라 보강) • 연구개발 새로운 바이오벤처 창출육성을 위한 연구개발 강화 • Incubation 101개의 우수 벤처기업 유치 및 보육 • Networking 지역의 산학연관 혁신역량간의 네크워킹 활성화 • Globalization 국제협력 강화를 통한 춘천권 바이오클러스터의 세계화 추진

[그림 6-1] 목표 및 추진전략

4) 타 지역과 차별화된 선택과 집중

고령사회를 대비한 실버 바이오와 강원도 이미지를 살리는 청정 바이오를 특화분야 바이오로 설정하고 있다.

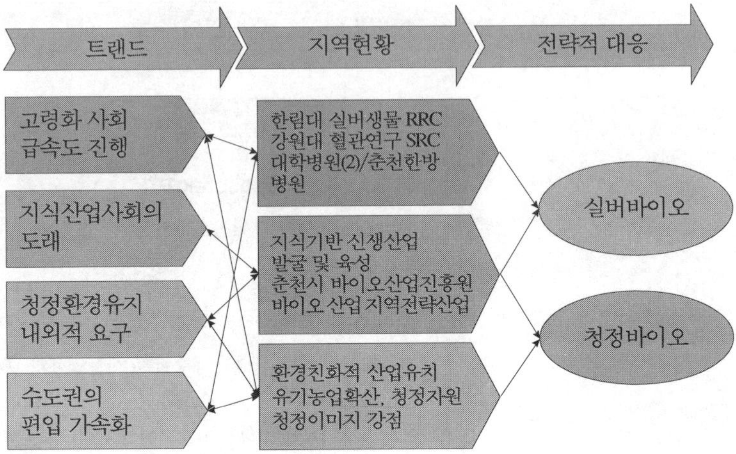

[그림 6-2] 바이오 산업 특화분야

5) 춘천 바이오 클러스터 구축 방안

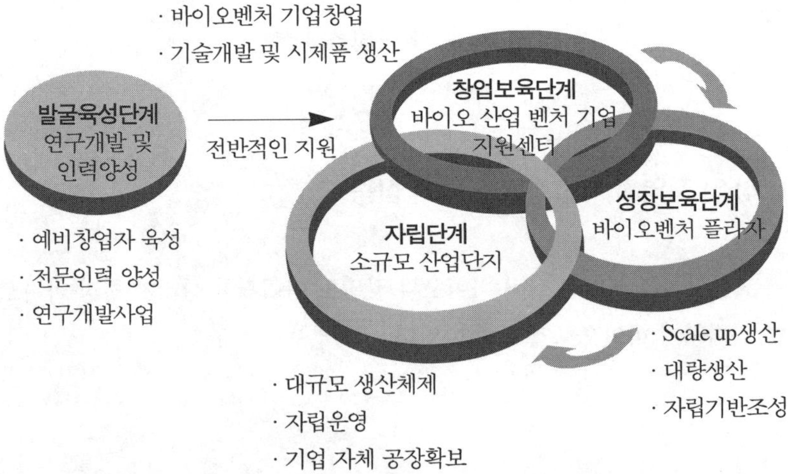

[그림 6-3] 성장단계별 맞춤형 지원 시스템을 갖춘 춘천 바이오 클러스터

〈표 6-3〉 춘천 바이오 클러스터 구축내용

	하이테크 벤처 타운	바이오(융합) 단지	바이오 비즈 파크
위치	후평동	율문리	거두리
주요 시설	벤처기업지원센터 포스트벤처기업 지원센터(예정) 바이오 기술혁신플라자 -천연물의약센터(예정)	제2바이오 벤처 플라자 (예정) 임대형 생산공장(TP)	외부기업, 해외기업, 기업연구소용 단지
목적	창업 및 신생벤처 보육	생산형 벤처 육성/지원	중견/대기업 정착/ 이주 유도
규모(평/기업 수)	5,000평/80개(현35개)	1만 평/20개(예상)	10만 평/5~10개
추진전략	공동생산 연구설비/ 창업공간제공(임대)/	대량생산 지원/ 판매 지원 (임대)	기업/기업연구소 유치(분양)
추진기간	1998~2006	2002~2007	2004~2010
고용인원	800명(현 334명)	400~500명	2,000~3,000명
매출규모	1,000억(현 320억)	800~1,000억	4,000~6,000억

(1) 기업 성장단계별 종합집적시설 구축

벤처 기업의 발전단계별 순환형 바이오 클러스터를 구축하기 위해서 창업보육단계, 성장보육단계, 자립단계별 지원시설을 갖춘다. 1)기존의 후평동 하이테크 벤처 타운은 창업 및 신생벤처 보육시설로, 2) 율문리에 임대형 생산공장(TP) 및 제2벤처 플라자를 건설하여 하이테크 벤처 타운에서 창업보육된 기업이 이전하여 성장하는 데 필요한 생산형 벤처 육성/지원 시설을 갖추고 3) 거두리에는 바이오 비즈니스 파크로 건설하여 최종적으로 바이오 벤처 기업이 자립할 수 있도록 기반을 구한다. 또한 거두리에는 임대가 아닌 분양을 통하여 중견 및 대기업도 정착/이주시키고 해외기업도 적극적으로 유치한다.

(2) 기존의 인프라를 바탕으로 재도약

현재 취약한 발굴육성단계의 지원을 강화하고, 지속적으로 벤처 기업이 입주되어 연구 생산 활동을 하기에는 현재의 창업보육 공간과 인프라가 불충분하다. 따라서 지역의 기존 바이오 벤처 산업체 중심의 기술혁신을 통한 재도약을 위하여 바이오 칩 일관 생산장비 구축, 창업공간 및 바이오 벤처 플라자 확충사업, GMP 생산설비 확충사업 등 기존의 인프라를 보강하도록 한다.

(3) 기술개발전문기관 설치

기초기술 연구, 제품 연구개발 및 산업화 협력연구 등의 소프트웨어적인 기술개발 및 기술이전을 지원하는 조직이 없으므로 바이오 기술개발센터의 설립 및 운영이 필수적이다. 또한 바이오 칩 기술혁신의 거점이 될 수 있는 바이오 칩 및 BioFAB 개발실을 설치하도록 한다.

(4) 체계적인 창업보육사업과 마케팅 강화

기업에게 다양한 지원 프로그램을 개발하여 운영함으로써 기업에 실질적인 도움이 되도록 하는 것이 절실히 필요하다. 맞춤형 산 · 학 · 연 · 관 네트워킹 프로그램을 실시하여 원스톱 서비스(One-stop service) 체제를 구축하도록 한다.

(5) 네트워크 활성화를 통한 효율성 및 경쟁력 강화

네트워크를 활성화시키며 지역 바이오 산업을 혁신시킬 수 있는 지역혁신 시스템(Bio-RIS)을 구축하도록 한다.

(6) 세계화를 통한 국제적 바이오 클러스터 구축

국제적 수준의 인재 양성과 외국 연구소 또는 기업을 유치할 수 있도록 국제적 수준의 바이오 클러스터를 만든다.

6) 인프라 구축내용 및 소요예산(춘천 바이오 타운 조성사업)

- 추진 주체: 춘천 바이오산업진흥원
- 운영 주체: 춘천 바이오산업진흥원
- 위치: 춘천시 하이테크 벤처 타운
- 기간: 2005년~2009년
- 예산: 505억 원(국비 292억 원, 지방비 208억 원, 기타 5억 원)

(1) 사업의 필요성

① 바이오 산업은 21세기 미래지식산업이며 차세대 10대 성장 동력산업으로 집중적으로 육성할 필요가 있다(춘천시가 1998년부터 전략산업으로 육성중).

② 바이오 산업의 단계별 육성과 산·학·연·관 협력 시스템을 강화한다.

(2) 주요 내용

① 바이오 벤처 플라자 건립사업

- 시제품 개발에 성공한 기업의 대량생산 기능 지원 및 활성화를 도모한다.

• 기업지원 프로그램 연계 강화, 창업보육 시스템 운영의 기반을 구축한다.
• 해외 거점기업, 대기업 연구개발 기능을 유치한다.

② 바이오 장비구축(생물센터, 바이오 벤처 플라자, 교육센터)
• 지역 내 바이오 장비 관련 업체 유치 연계 및 장비를 제공한다.
• 우수인력 양성사업 프로그램을 활성화한다.

③ 연구개발 및 기술 지원사업
• 재단법인 춘천 바이오산업진흥원의 자립기반을 구축한다.
• 센터 및 춘천 벤처 플라자 등 바이오 업체와 공동개발사업을 제안 공모한다.
• 연구 및 기술개발사업 공동개발을 추진하고, 완제품 제조 · 판매를 활성화한다.

④ 바이오 전용단지 조성
• 연구개발, 기술개발(경영안정), 제품생산시설 및 장비 확충, 교육연계 시스템 구축을 통한 예비 창업자 발굴, 전문인력 양성, 자립 기초 기반 조성 등을 한다.
• 바이오 업체 자립기반에 필요한 바이오 타운 및 바이오 클러스터 조성과 2005년부터 2009년까지 총 505억 원의 사업비를 투자하여 바이오 산업 육성을 위한 인프라를 완비한다.

〈표 6-4〉 춘천 바이오 타운 인프라 조성내용 및 예산

(단위: 억 원)

구분		2005	2006	2007	2008	2009	합계
춘천 바이오 타운 조성사업	국비	56.6	75.8	66.4	50.4	42.8	292
	지방비	48.4	43.2	42.1	38.1	36.2	208
	민자	1	1	1	1	1	5
	소계	106	120	109.5	89.5	80	505
post-BVC	국비	3	17	8	4	4	36
	지방비	1	15	4			20
	민자						
	소계	4	32	12	4	4	56
바이오 칩 전문생산 인프라	국비	33	33	33			99
	지방비			2	2	2	6
	민자						
	소계	33	33	35	2	2	105
GMP 생산설비 확충사업	국비	48	48	14			110
	지방비	3	3	4			10
	민자						
	소계	51	51	18			120
천연물 의약 개발센터	국비	32	46	42	7	7	134
	지방비	18	24	18	3	3	66
	민자						
	소계	50	70	60	10	10	200
벤처 창업 및 보육사업	국비	16	16	16	16	16	80
	지방비	3	3	3	3	3	15
	민자						
	소계	19	19	19	19	19	95
창업보육센터 (대학 내)	국비	0.462	0.462	0.462	0.462	0.462	2.31
	지방비	0.774	0.774	0.774	0.774	0.774	3.87
	민자	0.364	0.364	0.364	0.364	0.364	1.82
	소계	1.6	1.6	1.6	1.6	1.6	8
바이오 마케팅 종합지원센터	국비	8.99	8.62	8.62	8.62	8.62	43.47
	지방비	1.61	1.98	1.98	1.98	1.98	9.53
	민자	0.5	0.5	0.5	0.5	0.5	2.5
	소계	11.1	11.1	11.1	11.1	11.1	55.5

바이오 네트워크 운영사업	국비	7	7	7			21
	지방비	1.5	1.5	1.5			4.5
	민자	0.5	0.5	0.5			1.5
	소계	9	9	9			27
바이오 기술이전센터	국비	0.027	0.027	0.027	0.027	0.027	0.135
	지방비	0	0	0	0	0	0
	민자	0.143	0.143	0.143	0.143	0.143	0.715
	소계	0.17	0.17	0.17	0.17	0.17	0.85
산학연 컨소시엄	국비	1.22	1.22	1.22	1.22	1.22	6.1
	지방비	0.61	0.61	0.61	0.61	0.61	3.05
	민자	0.61	0.61	0.61	0.61	0.61	3.05
	소계	2.44	2.44	2.44	2.44	2.44	12.2
바이오 비즈파크 조성사업	국비						
	지방비		5	10	10	10	35
	민자						
	소계		5	10	10	10	35

2. 국내 지자체들의 지역혁신발전계획에 대한 보완사항: 바이오 산업의 예

지방자치단체의 혁신계획은 실행계획의 성격도 있지만 대 주민 홍보용 및 예산확보용의 성격이 불가피하다. 이러한 한계점에도 불구하고 자체 분석을 통해 문제점들을 객관적으로 파악한 다음 현실적이면서도 예산효율적인 계획을 수립하는 작업이 반드시 필요하다. 이 책에서 소개한 춘천 지역의 혁신계획은 지난 8년간의 바이오 산업 육성 경험을 통해 그나마 가장 현실적인 진행을 고려한 대안이지만 공공 주도로 만든 계획서의 한계점은 여전히 가지고 있다. 타 지역에서 만든 계획서는 아직 바이오 산업 육성 초기단계에서 적성된 것이라 홍보적인 입장이 너무 강조되어 현실적 실행력이 의문스러운 경우가 많다. 이 장에서는 국내 각 지역의 바이오 부문 지역혁신발전계획들에서 공통적으로 보완해야 할 내용들을 간추려 정리해 보았다.

1) 적극적 리더십의 필요성

리더십은 지역혁신을 가능하게 하는 가장 강력한 엔진이다. 조직 구성원 100명이 함께 고민해도 해결방안과 방향성은 잘 나오지 않고 오히려 부적절한 결과가 나올 수 있다. 그러나 조직의 리더 1명이 굳센 의지와 실천력을 가지면 조직의 많은 것을 바꿀 수 있다. 4장에서 소개한 샌디에이고 바이오 클러스터의 성공은 애트킨슨 UCSD 총장과 수잔 골딩 샌디에이고 시장의 적극적 리더십이 있었기 때문에 가능했다. 보스턴 바이오 클러스터나 샌프란시스코 바이오 클러스터는 특정인의 리더십이 필요없었다. 원래 지역 토양 자체가 최우수 비즈니스 에코 시스템을 갖춘 곳이었기 때문이다. 반면 샌디에이고는 바이오 산업을 위한 최적의 장소는 아니었기 때문에 시장 또는 총장의 적극적인 리더십이 필요했던 것이다. 비즈니스 환경이 열악한 국내의 바이오 클러스터들은 더욱 강력한 리더십을 필요로 한다. 시장, 대학총장, 또는 지도급 인사의 바이오 산업에 대한 적극적 관심과 리더십이 절대적으로 필요하다.

2) 지자체의 의지는 비수도권 바이오 클러스터의 필수적 조건

각 지역혁신계획마다 지자체의 의지를 강점으로 제시하고 있으나 이는 특정 지역의 강점으로 볼 수 없는 보편적인 현상이다. 현재 국내의 모든 지역은 지자체의 강한 의지 하에 발전계획을 가지고 있기 때문이다. 지금은 전국 16개 지구에서 바이오 산업 활성화를 통한 지역발전을 표방하고 나섰다. 변변한 선도기업 하나 없는 바이오 진흥지역에서는 당연히 지자체가 강력한 리더십을 보여야 한다.

3) 비수도권에서의 시급한 고급인력의 확보

하이테크 바이오 산업은 고급인력으로서 승부를 거는 두뇌산업이다. 따라서 고급 연구인력의 확보는 바이오 벤처 기업의 사활에 결정적인 영향을 미친다. 국내의 상당수 지방의 지역혁신계획을 보면 바이오 전공 관련 대학 교수들이 지역 대학에 있을 경우 바이오 고급인력이 풍부한 것으로 생각하고 장점으로 삼는 경우가 있는데 이는 잘못된 해석이다. 바이오 기업에서 일하는 사람은 교수가 아니고 연구원 또는 직원들이다. 비수도권 지역에서는 항상 바이오 산업의 고급인력이 부족하다. 국내의 수도권을 제외한 모든 지방에서는 지방 대학에 있는 현장에서 일할 수 있는 바이오 석 · 박사 인력을 구하기가 대단히 힘들다. 가장 중요한 이유는 지방 대학에서 양성하고 있는 바이오 석 · 박사 수가 너무 적기 때문이다. 학생들 대부분이 개인 사정상 학부는 지방 대학을 다녔더라도 대학원은 서울 소재 대학으로 진학하기 때문에, 지방 대학 대학원에는 바이오 석 · 박사과정을 하는 학생이 별로 없다. BK코리아 프로그램을 통해 많은 자금이 서울 소재 대학으로 분배되었고 바이오 관련 대형 프로젝트 역시 서울 소재 대학에 많이 집중되고 있으므로, 인지도가 높고 풍부한 연구비가 있는 서울 소재 대학 대학원에서 지방학부 출신 학생들을 대부분 소화해 버리기 때문이다. 지방 대학에 근무하는 K교수의 하소연이다.

"지방 대학에서 연구 활동하기 정말 힘듭니다. 교수가 논문 써야 되는 것

아닙니까? 대학원 학생이 없어 어려워요. 오죽하면 KAIST 등에 있는 대학원생들에게 구걸해서 실험 의뢰해야 합니까! 내가 통제하는 학생이 아니니 아무래도 효율적 연구가 되지 않습니다. 대부분의 여기 학부 학생들은 학부 때 눈여겨 잘 인연을 맺어 놓아도 졸업과 동시에 수도권 소재 대학원으로 가 버려요."

참여정부에서 지역 인재 양성 프로그램으로 시행하는 누리사업을 통해 지역 바이오 인력을 양성하는 곳도 있으나 대부분 학부생이 그 대상이기 때문에 바이오 산업인력으로 활용하기는 힘들다. 바이오 분야는 석 · 박사는 되어야 연구현장에서 제 몫을 해낼 수 있기 때문이다.

4) 경영부문에 대한 시급한 지원전략

지역별 바이오 산업혁신계획의 대부분은 기술개발과 생산을 위한 인프라 구축에 집중하고 있다. 그런데 기술개발은 기업시작의 단초일 뿐이다. 초기 기술이 기업가치에서 차지하는 비중은 10%도 되지 않는다는 것이 정설이다. 전세계는 1990년을 기점으로 공급과잉상태에 돌입하여 생산이 기업가치에서 차지하는 비중도 미미하게 되었다. 기술 벤처도 마찬가지다. 전세계의 바이오 산업을 혁명적으로 선도할 수 있는 예외적인 기술이 아니면 마케팅을 포함한 경영부문에서 바이오 기업의 운명이 결정된다. 현재 국내 바이오 집적시설에 입주해 있는 기업의 면면을 보면 기술로 최종 승부를 볼 수 있는 기업은 별로 없다.

그러면서도 마케팅을 비롯한 경영부문에서 노하우를 가진 기업도 거의 없다. 경영 지원부문에서의 전략이 하드웨어 인프라 이상으로 강조되어야 현재 바이오 산업진흥구역에 입주해 있는 기업들을 현실적으로 살릴 수 있는 계획이 될 수 있다. 기업가치의 2/3 이상이 경영부문에서 결정되므로 이 부분에 대한 소프트웨어적 지원 인프라 구축방안이 보다 광범위하게 강조되어야 한다.

5) 효과적인 네트워크 구축 및 운용방안의 마련

(1) 네트워크의 실천전략 필요

지역혁신계획에는 건물 등 하드웨어 구축방안을 제시한 것 이상으로 구체적인 네트워킹 활성화 계획이 마련될 필요가 있다. 샌디에이고 바이오 클러스터는 하드웨어 시설로 승부하지 않고 네트워킹 활성화 등 소프트웨어 지원으로 성공했다. 그러나 국내 대부분의 지역혁신계획에는 네트워킹 활성화를 강조하긴 했으나 운영 주체와 프로그램 등에 대한 실천전략이 나타나 있지 않다.

(2) 개별적 '따로 네트워크'를 연결하는 허브 네트워크 부재

지역혁신계획상으로는 허브 네트워크 개념이 아직 없어 네트워크간 연결성이 취약할 수밖에 없다. 바이오진흥원, 테크노파크, 중소기업청, 산업자원부, 도청, 시청, 대학 등 바이오 산업지원기관들이 자금의 원천과 조직 소속이 다름에 따라 '따로 문화' 속에서 기업들을 지원하고 있다. 시너지 효과가 나타나기 힘들다. 이러한 기관과 다양한 네트워크를 연결하여 시너지 효과를 낼 수 있는 허브 네트워크를 마련해야 한다.

(3) 외부 네트워크와의 연결망 마련

대부분의 지역혁신계획에는 외부지역 내지는 기관과의 네트워크 활성화에 대한 언급이 별로 없다. 지역 내부의 자원만으로는 바이오 클러스터가 발전하기 힘들고 외부와의 활발한 교류가 추가되어야만 제대로 성장할 수 있다. 지역 바이오 산업발전을 위해서는 성장 동력의 많은 부분을 국내 벤처 캐피털, 해외 벤처 캐피털, 기술평가기관, 중앙정부, 관련 대기업, 글로벌 제약사 등 외부기관과의 연결을 통해 해결해야 하므로 외부 네트워크 활성화가 반드시 마련되어야 한다.

(4) 네트워크의 실천적 운용계획 마련

네트워크의 생명은 구축보다는 운용에 있다. 최소한 네트워크 구축과 같은 비중으로 운용계획을 다루어야 하는데 네트워크 운용에 대해서는 아무런 언급이 없다. 바이오 클러스터 구축 추진 주체는 네트워킹의 성격과 기여도를 충분히 이해한 다음, 향후 네트워킹 전략과 세부실천계획, 그리고 네크워크 운용 프로그램을 작성해야 한다. 집적시설 몇 개 건설하는 것보다 네트워크를 잘 운용하는 것이 훨씬 더 중요한 일이다. 이 장에서 예로 제시한 춘천 바이오 네트워크 운영사업에는 2004년부터 2009년까지 매년 국비 4억 지방비 1억을 도합 5억 원이라는 예산을 추정했는데 네트워크의 규모를 살리고 활발한 운용을 하려면 상당히 모자라는 액수로 보인다. 허브 네트워크 구축 및 네트워크의 운용부분까지 포함되는 개념이라면 훨씬 더 많은 예산이 필요하다.

5억 원 정도의 예산규모로는 그냥 네트워크가 존재하는 수준 이상의 것을 기대할 수 없다. 효과가 불확실한 시설확충에 수백억 원의 예산이 계획된 반면 가장 기본적 소프트웨어 인프라인 바이오 네트워크 구축과 운영에는 자원투입계획이 제대로 되어 있지 않은 지역혁신계획이 많다. 아직까지 네트워킹 개념이 일반화되어 있지 않은 가운데 과거로부터 계속 사용해 왔던 투입-산출등식에 의한 산업발전모형에 정책당담자가 익숙하기 때문일 것이다.

6) 창업이전의 기술 및 초기 기업 발굴 육성 프로그램

(1) 능동적 발굴 프로그램 개발 필요성

현재 국내 대부분의 바이오 기업 창업보육기관은 기업이 입주를 신청하면 서류심사 및 면접을 통해 입주 여부를 결정한다. 쓸 만한 기술이 있더라도 기업의 형태를 갖추지 못하면 입주신청 대상에서 제외된다. 한편 지역대학에 있는 창업보육기관에서는 기업이 아니라 아이디어만 가지고 있는 예비기업들의 입주신청도 받고 있다. 이와 같이 외관상은 예비기업 발굴육성절차가 있는 듯하다. 그러나 신청을 받은 경우에 한해 심사하여 입주를 결정하는 식의 수동적인 입장만 취하므로 예비기업 발굴이 적극적으로 이루어지기 힘들다. 예비기업, 상업화 가능 기술을 찾아 나서는 발굴 육성 프로그램을 개발해야 한다.

(2) 상업화 가능성에 진취적 동기부여

첨단 기초기술은 대부분 대학에서 개발된다. 그런데 대학의 연구자들은 본인이 개발한 과학기술이 상업적 가능성을 얼마나 가지고 있는지 모르는 경우가 많다. 또는 상업화 가능성이 있어 보여도 험한 비즈니스 세계로 뛰어들기가 망설여진다. 대학에서 학생을 가르치면서 무난한 생활을 하고 있는데 구태여 불확실한 대박을 노리고 앞날의 기약이 없는 새로운 도전의 세계로 들어설 이유가 없기 때문이다. 이와 같이 비즈니스 세계를 회피하는 것은 교수들의 일반적인 특성이다. 이런 현상은 교수 연구자들의 사업동기 부족, 경영에 대한 걱정, 실패에 대한 두려움, 자신이 가진 기술의 객관적 가치 평가 불가능 등의 이유 때문에 생긴다. 이러한 수동적 사고구조를 가진 대학 연구자들을 각종 인센티브를 통해 산업현장으로 끌어내어야 한다. 그나마 지방에 남아 있는 최고 두뇌혁신자원이기 때문이다. 자신의 기술을 상업화하려고 애쓰는 교수는 극소수에 속한다. 기술의 상업화를 위해서는 편안, 안정 등 교수가 일반적으로 누리는 많은 것을 포기해야 하기 때문이다. 기업하려는 적극적 교수만 상대해서는 상업화 가능 기술의 극히 일부분만 찾아낼 수 있을 것이다.

(3) 발굴 프로그램의 개발

발굴 육성은 날짜를 정하고 신청을 받는 식으로는 불가능하다. 대학의 연구진과 지원기관 관계자 그리고 기업인들이 포럼, 세미나, 심포지엄 등 각종 모임을 통해 부담 없이 서로 정보를 교환하고 신뢰를 쌓아 나가다 보면 상업화 가능 기술이 발굴되는 것이다. 대부분의 지역혁신계획에는 지역 바이오 지역혁신 시스템연구회, 기술세미나, 정책포럼 등 이러한 만남의 장에 대한 계획들이 언급되어 있으나 실현주체, 운용 가능성들에 대한 추가적인 실행계획이 필요하다.

(4) 초기 기업 육성 프로그램 개발

초기 벤처 기업도 거의 자력으로 벤처 캐피털과 직접 접촉하여 자본투자를 받으러 뛰어다녀야 하는 것이 지금까지의 현실이다. 초기 기업에 대해 경영 및 자금조달 부분에서의 집중적인 지원이 반드시 필요하다. 벤처닥터 사업 등 몇 가지 아이디어가 지역혁신계획들에 포함되어 있기는 하나 좀 더 적극적이고 포괄적인 지원방안이 필요하다. 대부분의 초기 기업 CEO들은 아이디어 수준의 기술만 가지고 있고 기업을 발전시켜 나가는 방법에 대해서는 문외한이기 때문이다. IV장에서 소개한 CONNECT 프로그램 중의 하나인 TransMed(Translational Medicine Program) 프로그램을 각 지역에 맞게 응용해 보는 것도 방법이다. TransMed는 학술적 의학 연구성과를 상업화가 가능한 의료기술로 변화시키는 일을 돕는 것을 목적으로 하고 있는 프로그램으로서 UCSD CONNECT, School of Medicine(약학대학), TTIPS(Technology Transger & Intellectual Services Office)가 공동 협력 하에 운영하고 있다. 실험실 단계에 있는 연구들 중에서 상업화 가능성이 있어 보이는 데도 연방정부 연구비 지원이나 전통적인 투자유치가 여의치 않은 경우가 있다. 이런 경우 관련 연구의 초기 자본조달의 여러 가지 대안을 제시해 주는 프로그램이다. '정책자금을 위한 제안서 작성 워크숍(SBIR Workshop)' 도 초기 육성단계에서 응용해 볼 수 있는 프로그램이다. 이 워크숍에서는 정책 연구자금 제안서를 어떻게 작성하고 발표하는가를 가르친다.

현재 국내 바이오 벤처 기업 중 의약품 개발기업 등 고부가가치 바이오 기업들은 거의 대부분이 정책 연구개발자금에 의존하고 있다. 그리고 이 기업들은 개별적인 노하우에 의존하여 정책자금을 신청하고 있다. 이들에게 이러한 프로그램을 제공하면 상당한 도움이 될 것이다.

7장 스타 기업 육성을 통한 바이오 클러스터 발전

1. 스타 기업과 바이오 산업 클러스터의 활성화

1) 스타 기업과 샌디에이고 바이오 클러스터 형성

1978년 캘리포니아의 지방 대학인 UCSD의 평범한 교수인 번도프는 하이브리테크를 창업했다. 이 회사는 1986년에 엘리 릴리에 5억 달러에 성공적으로 매각되었고 번도프 교수는 지역 대학의 무명 교수에서 일약 저명한 사업가로 변신했다. 그리고 하이브리테크의 임직원들이 분사(spin-off)되어 설립한 기업은 45개 이상에 달하여 샌디에이고 지역 바이오 클러스터 형성에 결정적인 기여를 했다. 하나의 선도기업이 분사를 통해 수많은 기업을 분사시키고 전후방 산업진작효과를 일으키면서 지역산업 클러스터 형성 및 발전에 결정적인 기여를 한 사례이다. 하이브리테크는 2005년 현재 한국에서 유행하는 용어로 분류하면 스타 기업이 되는 셈이다. 만약 하이브리테크라는 스타 기업이 탄생되지 않았더라면 샌디에이고 바이오 클러스터의 형성 및 발전은 상당히 느리게 진행되었을 것이다.

2) 스타 기업은 산업 클러스터 발전을 위한 기폭제

스타 기업은 그 자체의 성장을 통해 지역의 고용과 소득증대에 이바지할 뿐 아니라 산업 전체에 수많은 기업을 분사시키고, 전후방 연관산업을 형성시킴으로써 지역 또는 산업 전체의 발전에 대단히 중요한 기여를 한다. 스타 기업 또는 선도기업이 존재함으로써 지역경제 또는 해당 산업이 발전된 예는 수없이 많다. 핀란드의 울루 지역은 노키아라는 세계적 무선통신회사의 견인에 힘입어 세계적인 무선통신산업 클러스터로 발전했다. 미국 실리콘밸리의 발전에는 휴렛팩커드 등 IT분야의 여러 선도기업이 큰 공헌을 했다. 1980년 벤처 기업으로 설립한 미국의 암젠은 소수 단백질 의약품 개발전략을 추진하여 2001년에 40억 1,600만 달러의 매출과 11억 달러의 순이익을 기록하여 생물 벤처분야의 대표적인 성공 사례를 창출하면서 수백 개가 넘는 생물의약 벤처 기업의 창업을 주도하는 기폭제가 되었다.

3) 스타 기업 탄생이 필요한 국내의 바이오 클러스터

지역경제 또는 해당 산업의 가속적인 발전을 위해서는 스타 기업이 필요하다. 스타 기업의 존재 유무에 따라 해당 지역 또는 산업의 발전 속도는 엄청난 차이를 보일 수 있다. 우리나라는 각 지역별로 산업 클러스터 조성이 한창이고 상당한 하드웨어 인프라를 갖추기 시작했다. 단지 지역의 산업 클러스터를 선도할 수 있는 일명 '스타 기업'이 없다는 것이 문제이다.

그래서 각 지역마다 스타 기업 부재의 문제점을 타개하기 위한 노력이 한창이다. 수도권을 제외한 지방의 바이오 산업 대부분이 열악한 비즈니스 환경과 스타 기업 부재라는 이중고를 안고 있다. 따라서 각 지역별로 스타 기업의 육성을 통해 지역산업발전의 열쇠를 찾으려는 노력을 할 필요가 있다. 앞서 언급한 하이브리테크나 암젠과 같은 스타 기업이 하나만 탄생하면 특정 지역의 바이오 클러스터는 세계적 바이오 산업지역으로 재탄생할 수 있다. 하이브리테크나 암젠 모두 대학의 실험실 벤처에서 시작했다. 그리고 상업화 기술의 원천이 되는 기초 바이오 기술은 전세계 학자들이 논문을 통해 공유하고 있기 때문에 스타 기업의 탄생 가능성을 어느 지역의 비즈니스 환경에서도 얼마든지 생각해 볼 수 있는 것이다.

2. 전국적인 스타 기업 만들기 열풍

1) 스타 기업 만들기 유행

지역의 산업경쟁력을 향상시키고 고용을 창출하는 데는 스타 기업이 필요하다는 인식을 바탕으로 전국적인 스타 기업 만들기 열풍이 한창이다. 그리고 육성방법의 핵심은 선택과 집중이다. 선진 각국에서 비즈니스 환경을 향상시킴으로써 자연스레 생성되는 스타 기업과는 달리 우리나라는 스타 기업을 제조하는 정책으로 나가고 있다. 마땅한 육성방안이 수립되지 않은 채 스타 기업을 만들어 놓고 보자는 식으로 긴급하게 스타 기업을 제조하고 있다. IT산업에서 일정 매출액 이상이면 무조건 스타 기업 타이틀을 수여하거나 약간의 상금을 지급하는 지자체 또는 기관도 많다. 스타 기업이라는 용어만 사용하지 않는 지역도 유망기업에 대한 지원정책들은 꾸준히 실시해 왔으므로 사실상의 스타 기업 육성정책을 일정 부분은 하고 있는 셈이다. 현 시대에는 특정 용어를 활용한 브랜드화, 홍보화 정책도 어느 정도 효과를 보고 있는 만큼 지역별로 스타 기업이라는 용어를 사용하고 더욱 전문화한 방식으로 유망기업 육성정책을 실시하는 것을 고려해 볼 만하다.

2) 모든 기관, 지역이 스타 기업 만들기 추진

산업자원부는 신약을 개발하여 임상실험 후 해외시장에 판매할 수 있는 기업을 육성하기 위해 바이오 스타 기업 육성정책을 수립하고 있다. KAIST(한국과학기술원)는 2005년부터 2009년까지 5년간 200억 원 정도의 예산을 들여 10여 개의 스타 기업 발굴, 육성에 나선다. 대전 지역의 전략산업발전을 주도할 '혁신 주도형 스타 기업 육성사업'을 추진하기로 한 것이다. 이를 위해 KAIST는 산업자원부, 산업기술평가원, 대덕밸리기업지원협의회, 삼일회계법인, 한국벤처캐피털협회 등 관계자로부터 '스타 기업 선정, 운영위원회'를 구성하고 본격적인 사업추진에 나설 예정이다. 경상북도는 이미 2년 전부터 스타 기업을 선정해 오고 있다. 충청남도는 테크노파크 내에 스타 기업 지원부서를 만들어 2명의 상주직원이 스타 기업 발굴과 육성에 매진하고 있다. 그 이외의 많은 지자체에서 스타 기업을 선정, 발표하고 있다.

3) 육성계획이 뒷받침되지 않는 성급한 스타 기업 만들기

위로부터는 산업자원부로부터 아래로는 지방의 테크노파크에 이르기까지 스타 기업 만들기가 열풍이다. 테크노파크, 각종 산업진흥원, 전략산업기획단 등 지방의 산업 지원기관들이 경쟁적으로 스타 기업 육성을 공포

하고 있다. 그러나 이러한 스타 기업 만들기 열풍은 비즈니스 환경의 향상을 통해 자생되는 기업경쟁력 제고와는 거리가 있다. 본원적인 경영원론에서 매우 경도되었다. 대부분 면밀한 계획이나 검토 없이 스타 기업상부터 시상함으로써 일단 시작해 놓고 보자는 식이다. 시류에 따르는 정책이 과도하게 유행하는 느낌이다. 기안서 몇 장에 기록된 스타 기업 육성전략에 따라 시행하고 있는 각 지방의 '스타 기업 제조하기' 정책들은 향후 상당한 시행착오를 겪을 전망이다. 현재 많은 지역 기관들은 급하게 서두르다 보니 스타 기업상을 미리 주어 홍보효과를 누린 다음, 스타 기업 육성방안 수립을 위해 1~3년의 기간에 걸쳐 계획안을 만들고 있는 실정이다.

4) 비즈니스 에코 시스템에서 자연적으로 발생하는 스타 기업

스타 기업은 물건을 제조하듯이 찍어낼 수 있는 것은 결코 아니다. 특히 바이오 산업에서는 불가능하다. 스타 기업이 될 수 있는 기업은 스타 기업상이 없더라도 스타 기업으로 성장한다. 그렇지 못한 기업은 억지 기준으로 스타 기업상을 주더라도 진정한 스타가 될 수 없다. 스타 기업을 육성하기 위해서 스타 기업을 선정하고 상을 주는 것은 스타 기업 육성에 거의 도움이 되지 않는다. 스타 기업은 시장에서 평가하는 것이지 몇 가지 기준을 바탕으로 심사위원들이 평가할 수 있는 것이 아니다. 시간이 급하지만 홍보 위주의 정책에서 벗어나 스타 기업이 태어날 수 있는 기반을 조성하는 데 정책의 초점을 맞추어야 할 것이다.

5) 기업 소프트 인프라 향상을 통한 토양 구축

스타 기업 탄생 가능성을 높이기 위해서는 1) 자연적으로 스타 기업 탄생 가능성을 높이는 기반 구축과 2) 스타로 가는 시간을 절약해 주기 위한 선택과 집중에 의한 자원배분이라는 두 가지 측면이 모두 고려되어야 한다. 첫째, 스타 기업 탄생을 위한 기반 구축은 하드웨어적인 부분뿐만 아니라 소프트웨어적인 부분도 모두 포함되어야 한다. 우리나라의 조세수입은 서구 국가들에 비해 사회복지보다는 국가산업 인프라를 구축하는 데 많이 사용되는 편이다. 세금지출 방향의 옳고 그름을 떠나 풍부한 인프라 구축 자금으로 그동안 공단시설, 집적시설 등 하드웨어 인프라 구축에 매진할 수 있었다. 하드웨어 인프라가 초기 기술 구축 및 생산부문의 효율을 증대시켰다면 이제는 기술혁신과 경영효율을 증대시킬 수 있는 무형의 인프라에 투자해야 한다. 소프트웨어적 투자는 자금으로 건물을 짓는 하드웨어 인프라와는 달리 투입과 산출의 방정식이 명료하게 적용되지 않는다. 이러한 계측 불가성 때문에 소프트웨어의 중요성을 알면서도 그 동안 자원배분이 되지 않은 측면도 있다. 중앙정부나 지방정부 모두 스타 기업 탄생 토양과 관련하여서는 네트워크를 포함한 무형 인프라 구축에 초점을 맞추기 시작해야 한다.

6) 선택과 집중을 통한 시간 단축

예비 스타를 집중과 선택의 방식으로 육성하여 스타 탄생의 시간을 단축하는 일이다. 스타 마크 수여, 스타 기업상, 상금 등 명예와 약간의 금전적 지원이 현재 스타 기업정책의 대종을 이루고 있지만 조만간에 실질적인 예비 스타 육성정책을 마련해야 할 것이다. 연구개발정책자금의 배분, 조직경영, 경영진단, 회계, 디자인, 마케팅, 자본투자 지원 등 자금 및 기업경영 전반에 걸쳐 집중된 지원이 뒤따라야 할 것이다. 그리고 예비 스타 기업의 발굴, 선정, 육성책 등을 마련하고 시행하는 데는 신중을 기해야 한다. 서둘러서 만든 잘못된 기준으로 자원배분을 왜곡할 수 있기 때문이다.

UCSD의 한 무명 교수가 설립한 하이브리테크는 45개의 바이오 기업을 분사시키면서 샌디에이고 바이오 클러스터 구축에 선도적 역할을 하였다. 암젠은 전세계적인 바이오 벤처 설립 붐을 일으켰다. 바이오 스타 기업이 탄생하면 해당 지역의 바이오 클러스터는 비약적인 발전이 기약된다. 선도적바이오 기업이 탄생되기 위해서는 기본적으로는 비즈니스 에코 시스템이 잘 갖추어져 있어야 하지만 스타 탄생의 시간을 단축하기 위해 선택과 집중에 의한 지원방법을 병행할 수도 있다. 지역별 바이오 클러스터 구축을 가속화시키는 방법의 일환으로 바이오 스타 기업 육성방안을 심각히 고려해 볼 필요가 있다.

3. 스타 기업 만들기의 현황

1) 전 업종에 걸쳐 시행하고 있는 스타 기업 만들기

스타 기업의 대상 업종은 〈표 7-1〉에 나타난 바와 같이 거의 전 업종에 걸쳐 있으나, 전라북도의 경우 IT분야만을 시작하였다가, 올해 BT와 TIC 분야로 영역을 넓혀 시행하고 있다. 또한 대전과 부산의 경우 IT산업으로 제한한 것을 볼 수 있다. 대구의 경우 거의 전 업종에 걸쳐 있지만, 지역전략산업의 경우 선정심사에 가산점을 부여하고 있다.

2) 주 대상기업은 관내의 벤처 중소기업

대상기업은 주로 중소기업청에서 확인을 받은 벤처 기업이며 중소기업들이다. 그리고 대부분의 경우 관내기업으로 신청자격을 제한하는 것을 볼 수 있다. 다만, 대구의 경우 역외기업의 경우라도 1년 이내에 이주할 경우 신청 자격을 부여하고 있는데 우수기업을 유치하기 위한 좋은 방법으로 보인다.

3) 스타 기업 팀 전담조직

충청남도의 경우는 충남 테크노파크에 '스타 기업 팀'이 상존하는 조직으로 만들어져, 관내의 기업들을 예의 주시하고, 평가하여 스타 기업이 될 수 있는 기업들을 찾아 선정되면, 밀착 지도, 지원을 하고 있다.

4) 다양한 육성방안

스타 기업으로 선정되어 기업들이 지원받을 수 있는 범위와 종류는 각 지역마다 상당히 다르다. 우선 상금의 범위는 지역에 따라 50만 원에서 6,000만 원까지 매우 다양하다. 경북의 경우는 상금 200만 원과 현판 제작, 지정서를 만들어 주는 것으로 기존의 유망 중소기업 선정이나, 우수기업 벤처 포상의 범위를 벗어나고 있지 않고 있다. 광주의 경우는 아예, 스타 벤처라는 용어를 사용하지 않고 우수 벤처 기업이라는 용어를 사용하여 600만 원의 예산으로 기업들에 지급하고 있다. 대전의 경우 현금 포상이 가장 큰데, 업체당 6,000만 원의 지원이 이루어질 수 있고, 경영 및 투자 전반에 걸친 지원이 이루어진다. 3,000만 원 내에서 현금 포상이 이루어지고, 관리, 자금, 마케팅 측면에서 지원이 이루어지고 있는 지역도 있다.

〈표 7-1〉 국내 스타 기업 만들기 현황

지역	기간	대상업종	대상기업	지원범위	주관단체	전체 예산
경북	2002~2004년 3년간 매년	전 업종	경상북도 내 벤처 확인기업	• 상금 300만 원 • 현판 • 지정서	경북 테크노파크	1,300만 원
광주	2004년	전 업종	관내 벤처 확인기업	• 300만 원 • 150만 원 • 100만 원 • 50만 원	광주광역시 산업진흥과	600만 원
대구	2004년 11월 (3년간)	• 메카트로닉스 • 전자정보기기 • 섬유 • 생물	• 매출액 50억 이상 • 역외 기업 경우 1년 이내 이수 할 경우 신청가능	• 경영, 기술, 마케팅 등 거의 전 분야	경북대학교 지역혁신특성화 시범사업단	3,255만 원 (3년간)
대전	2003년	• S/W 및 IT 분야	• 벤처 기업 중 매출분야 10~50억 규모	• 최대 6,000만 원 지원 • 경영 및 투자	첨단산업 진흥재단	N/A
부산	2003년	IT분야	• 중소기업으로 부산 정보진흥원	• 최대 3,000만 원 지원 • 인증서 • 기술, 자금, 판로	부산정보산업 진흥원	130만 원 (투자기관이 같이 평가하여 투자기회제공)
울산	2004년	전 업종	• 관내의 중소, 벤처 기업	• 3,000만 원 지원 • 마케팅,자금, 기타	중소기업종합 지원센터	130만 원
전북	2003년	• IT • BT • TIC	• 전북 지역 중소, 벤처 기업	• 3,000만 원 지원 • 다양한 경영지원	• 전주정보 영상진흥원 • 바이오 산업 진흥원 • 전북대TIC	300만 원
충남	2003년	전 업종	• 중소, 벤처 기업	• 자금 및 경영지원 • 현판	*충남 테크노파크	300만 원

* 충남 테크노파크의 경우 '스타 기업 팀' 조직이 항시 체제로 운영되어 관내의 기업들을 주시하고 평가하여 스타 기업이 될 수 있는 기업들을 찾고 있고 선정되면 밀착 지도, 지원함.

4. 국내 스타 기업 육성시책의 분석

스타 기업 만들기 프로그램은 약 2003년경부터 각 지자체에서 실시되기 시작했다. 그동안 실시 기간이 짧아 지역경제 활성화에 어느 정도 기여했는지 가시적인 성과는 평가하기가 거의 불가능하다. 각 지역의 프로그램 운영 책임자 또는 실무자를 면접조사한 결과 다음과 같은 유의사항들을 요약해 볼 수 있었다.

1) 모두가 인정하는 스타 기업 육성의 당위성

해당 지역에 스타 기업을 만들어야 할 당위성에는 모두 다 인정하고 이에 대한 필요성에는 다양한 입장에 있는 관계자가 모두 공감하였다. 선도적인 역할을 담당할 우수 기업을 외부에서 유치하기가 어렵고 내생적으로 지역에서 역할 모델(role-model)을 담당할 기업의 필요성이 증대하고 있기 때문에 더욱 그렇다는 것이다.

2) 다양한 스타 기업의 정의(definition)

스타 기업에 대한 인식과 정의에는 관계자간에 상당한 차이점이 존재했다. 어느 테크노파크의 담당자는 '스타 벤처 만들기' 프로그램에 의해 선정된 기업은 아직 스타 기업은 아니고, 예비 스타 기업이라고 할 수 있는데, 현재 각 테크노파크 등에서 지원할 만한 벤처 기업의 수준을 감안했을 때, 코스닥 시장에 등록할 수 있는 수준의 기업이 되면 스타 기업이라 할 만하며, 앞으로 3~4년 안에 코스닥에 등록할 수 있는 기업을 발굴하고 지원하는 데 초점을 맞추고 있다는 것이다. 한편, 모기관의 책임자는 스타 기업이란 글로벌 시장에서 경쟁할 수 있을 만한 잠재력이 있는 기업을 말하는 것으로 반드시 성공한다는 확실성이 존재할 때 지원하는 것이 아니라, 가능성을 보고 단계적으로 지원의 수준을 맞추어 가야 한다고 주장했다. 그 외에 일반적 우수기업을 스타 기업이라는 이름으로 포상하는 수준에서 스타 기업을 인식하는 것도 있었다.

3) 공정한 스타 기업 선정의 어려움

스타 기업의 선정과 관련하여 엄격한 심사과정을 거치지 않을 경우 사업 진행과정에서 불필요한 잡음이 발생하여 사업의 목적과 건전성을 훼손하는 경우도 있다는 것이다. 탈락한 업체들의 불만과 치열한 로비 등으로 사업 자체를 바람직한 방향으로 밀고 나가는 데 어려움이 가중될 수도 있다. 가능한 한 논리적으로나 상식적으로 인정될 수 있는 기준으로 스타 기업 선정 절차가 이루어져야만 스타 기업에 선정된 기업은 제대로 인정을 받을 수 있고 탈락한 다수의 기업도 승복할 수 있을 것이다.

4) 단기적 성과가 가능한 산업/기업으로만 집중

스타 기업 만들기 사업은 보통 3년 정도의 기간에서 이루어지므로 3년 안에 가시적인 성과를 낼 만한 기업에 선정이 집중되는 경향이 있다. 이는 업종별로 보면, 주로 전기, 전자, 반도체, 통신기기 등 비교적 단기적으로 제품을 개발하고 시장에 판매할 수 있는 업종에 자연스럽게 몰리는 현상을 보여 준다. 따라서 장기적인 투자가 필요한 바이오 산업의 의약업종 등에 종사하는 기업들이 선정될 가능성이 매우 줄어들 것은 당연하다. 이러한 업종에 있는 기업들에 투자되려면, 매출액 같은 가시적인 평가지표나 선정기준 자체가 바뀌어야 할 것이다.

5) 스타 기업 탈락으로 인한 부작용

'스타 기업 만들기' 사업은 스타 기업 만들기에 집중하는 것이 당연하다. 그러나 스타 기업에 선정되지 못한 기업들에 줄 수 있는 부작용도 고려해야 한다. 아무리 선정기준을 까다롭고 공정하게 한다고 해도 성공 확률이 낮고 위험이 높은 벤처 기업들의 경우 어느 기업이 성공할지 사전에 판별하는 것은 상당히 어려운 일이다. 즉 어느 기업이 최종적으로 실질적인 스타가 될지는 아무도 알 수 없는 일이다. 선정되지 않은 기업들 중에서 얼마든지 스타 기업이 나올 수도 있다. 그런데, 이들 기업들이 선정이 되지 못해 용기를 잃게 된다거나 사업의욕이 꺾인다면, 스타 기업 만들기에 치중한 나머지, 다수의 진정한 예비 스타 기업들의 싹을 자를 수도 있다.

6) 단순한 포상보다는 다양한 방식의 장기적 지원 필요

'스타 기업 만들기' 지원방식에서 지자체간에 많은 차이가 있다. 가장 일반적인 방법은 포상형식의 현금 지원이다. 한편 직접적인 현금 지원은 별로 효과가 없을 것으로 믿고 간접적으로 기업이 하는 일을 도와주는 기관에 비용을 지불하는 방법도 있다. 예를 들어 '스타 기업 만들기' 사업에 배정된 예산 3억 원 중 1억 원만 실제로 기업에 현금으로 지원되고 나머지 2억은 그 기업에 대해 각종 마케팅, 경영 관련 컨설팅을 하는 기관에 지급하는 방법이다. 포상금 몇 백만 원보다는 장기간에 걸쳐 다양한 형식으로 경영을 지원하는 것이 진정한 도움이 될 것이라는 데는 이견이 없었다.

5. 지역별 바이오 스타 기업 만들기의 유의사항

지금까지 논의한 현황 및 문제점을 토대로 국내 각 지역별로 바이오 스타 기업 만들기' 사업을 실시할 때 유의해야 할 사항들은 다음과 같다.

1) 스타 기업의 정의 확립

바이오 스타 기업 만들기는 결국 스타 기업이 될 가능성이 높은 예비 스타를 발굴하여 스타 기업이 되도록 지원해 주는 사업이다. 우선적으로 스타 기업의 정체에 대한 개념 확립이 중요하다. 불확실하더라도 향후 지역의 바이오 클러스터 발전에 큰 기여를 할 수 있는 고부가가치 의약품개발 벤처 기업인지, 아니면 산업 확대효과가 없더라도 가시적인 미래에 적정 매출을 낼 수 있는 기능성 식품업체인지, 어떤 종류의 기업이 스타 기업의 정의에 부합되는지를 설정해야 한다.

2) 혜택수준과 예산의 결정

우수 벤처 기업을 포상하는 식으로 몇 백만 원 정도를 지원하는 정도에 한정할 것인지, 아니면 기업운영에 현실적인 도움이 되도록 적어도 몇 천만 원의 현금을 지원하면서, 기업경영의 여러 가지 측면에 도움을 줄 수 있는 방안을 강구할 것인지 결정해야 할 것이다. 스타 기업 육성을 위해서는 컨설팅 지원 연구개발정책자금의 집중 등 여러 가지 방안이 있을 수 있기 때문이다. 단순 홍보성 예산인지 아니면 장기적으로 예비 스타 기업을 육성하기 위한 것인지에 따라 예산의 범위는 큰 차이가 있다.

3) 대상업종과 대상기업의 범위 결정

국내 바이오 집적시설에는 첨단 고부가가치기업에 해당하는 의약품 개발기업의 수는 절대 부족하다. 이들 기업은 아직 매출액이 거의 없고 미래가 불확실하다. 기업 수가 적고 미래의 전망도 불확실하지만 첨단 고부가가치산업을 한다는 이유 때문에 이들 기업들에만 스타 기업육성책을 사용하는 것은 무리가 있다. 매출실적이 있고 미래가 안정된 기업은 주로 기능성 식품이나 음료산업에 속한 경우가 대부분인데 이러한 기업들을 대상으로 하여 과연 스타 기업상을 수여할 의미가 있는 것인지에 대해서도 숙고해야 한다.

4) 관외기업 유치방안으로서의 스타 기업 육성방안

현재 국내에서는 대구가 유일하게 관외의 기업도 스타 기업 포상 대상에 포함시키고 있다. 물론 적정 기일(1년) 이내에 대구로 이주하는 조건이다. 국내 바이오 클러스터에는 관내에 기존의 선도기업이 없고 스타 기업 대상이 될 수 있는 기업의 수가 적으므로 가능성 있는 관외기업 유치방안으로서 스타 기업 육성방안을 활용할 수도 있다. 기존의 기업 유치노력은 이미 완성되어 돌아가고 있는 중기업 또는 대기업을 대상으로 한 것인 반면에, 스타 기업 육성방안으로 유치하는 관외기업은 아직 성장 초기에 있으나 미래의 가능성이 보이는 중소기업을 대상으로 한다.

5) 주관부서 및 규모의 설정

어느 조직에서 주관을 맡아야 하는지를 결정해야 한다. 광역지자체 또는 시군 등 지자체에서 실시할 수도 있고 테크노파크 또는 지역의 바이오 진흥원 같은 지원기관에서 맡을 수도 있다. 또한 충남 테크노파크처럼 스타 기업 육성팀을 만들어 전담을 시킬 것인지, 아니면 기존의 기업 지원부서에서 겸업으로 일을 추진할 것인지 결정해야 한다.

6) 지원의 범위와 깊이

'스타 기업 만들기'에 선정되는 기업들에 대한 지원의 범위와 깊이에 대한 고찰이 필요하다. 어떤 종류의 지원을 해야 하며, 어느 정도까지 지원을 하고, 선정된 기업에 강제적 컨설팅을 실시하는 등 어느 정도의 경영 관여를 해야 하는 것인지에 대한 수위를 결정해야 한다.

7) 공정한 선정 시스템의 확립

공정하고 엄격한 선정기준과 시스템을 만들고 어떻게 운영할 것인가에 대한 전략을 가지고 있어야 한다. 올바른 스타 기업 선정은 바이오 클러스터의 총체적인 성공확률을 높일 수 있기 때문이다. 어떤 테크노파크는 공정한 심사를 위해 타 지역 인사들로 구성된 선정위원회를 운영하기도 한다.

8) 스타 기업 만들기 프로젝트의 기간 설정

'스타 기업 만들기' 프로젝트를 얼마나 오랫동안 할 것인지 결정해야 한다. 또한 스타 기업에 선정된 기업들을 지원해 주는 기간을 설정해야 한다. 지원에는 자금 지원 이외에도 연구개발 정책자금의 배분, 컨설팅 우선순위

부여 등 여러 가지 혜택이 포함될 수 있다. 일회성 포상으로 끝날 수도 있고 수년간 여러 가지 형태의 혜택을 줄 수도 있다. 바이오 기업은 IT기업과 달리 단시일에 성과를 볼 수 없으므로 장기간 육성해 주는 것이 바람직하다.

9) 스타 기업 탄생을 위한 비즈니스 에코 시스템의 구축

스타 기업은 결국 비즈니스 에코 시스템을 통해 탄생되는 것이지, 포상 등의 인위적인 방법으로 쉽게 제조되는 것은 아니다. 효율적인 집적시설 구축, 경영 지원 시스템 구축, 네트워크의 효율적 운용 등 비즈니스 인프라를 잘 구축해 나가야 한다.

8장 바이오 허브 네트워크(Hub-Network)의 구축

1. 클러스터와 네트워크의 방향성 설정

1) 기업들의 수요를 반영하는 실천적 네트워크 필요

혁신 클러스터의 활성화를 위해서는 클러스터 구성 주체들 사이에 한 단계 높은 창조적, 실천적 네트워크가 중요하다. 네트워크가 활성화되기 위해서는 무엇보다도 클러스터의 가장 중요한 주체인 기업들의 실질적인 수요가 반영되어야 하는데, 이를 위해서는 기업들이 적극적으로 자기의 요구사항을 제기하고, 중개기관들이 이를 잘 중개할 수 있어야 한다. 예를 들어 독일의 산업연구조합(AiF)은 민간 기업이 자신들의 필요에 의하여 자생적으로 형성한 기관인데, 독일 연방 정부의 산업연구조합에 대한 연구비 지원은 총액(Lump-Sum)으로 이루어지고 개별 과제의 선정은 산업연구조합이 산하기업의 수요와 요구를 고려하여 선정하고 있다.

2) 네트워크의 목적 명료화

정책적 관점에서 볼 때, 네트워크는 그 자체가 목적이 아닌 수단이므로, 육성하고자 하는 네트워크의 목적을 분명하게 해야 한다. 네트워크 참여 구성원에게 실질적 도움이 안 되는 네트워크는 예산 지원 등의 정책적 인센티브가 약화되면 지속될 수가 없기 때문이다.

3) 인위적 노력이 추가되어야 혁신 네트워크 가능

클러스터에서 수준 높은 네트워크가 형성되기 위해서는 단지 만나는 기회 이상의 것이 필요하다. 이상적인 네트워크는 함께 실천하는 공동체를 형성할 수 있는 것이다. 자연발생적 네트워크를 지속적으로 혁신을 발생시킬 수 있는 한 단계 높은 차원의 네트워크, 이른바 '실천의 공동체(Communities of practice)' 로 발전시키기 위해서는 어느 정도는 인위적인 정책적 배려와 노력이 필요하다. UCSD CONNECT나 스웨덴의 울루 등의 클러스터 발전 사례가 좋은 예이다. 네트워크 구축 이후 운용이 제대로 되기 위해서는 끊임없이 정책적으로 집중된 노력이 지속되어야 한다.

4) 단기적 성과보다는 장기적 협력 동기에 의한 네트워크 발전

실천적, 자생적 네트워크가 형성되는 데는 상당한 물리적 시간이 필요하다는 것을 인정하고 너무 조급하게 단기적인 성과에 집착한 무리한 행동은 하지 않는 것이 중요하다. 대체로 네트워크는 클러스터 구성원들 사이에 자연적으로 형성되는데, 종종 소수의 핵심 개인이나 집단의 주도에 의해, 혹은 전체 구성 기업들의 공유 필요성에 의해 자연적으로 형성되고 있다. 기업들이 함께 협력해야 할 명백한 이유가 있을 경우, 함께 협력할 사업을 만들도록 노력하는 일이 중요하다. 함께 협력하려는 동기부여가 생겨서 클러스터의 모습을 갖추는 데도 상당한 시간이 필요하다.

5) 생산 체인의 포괄적 관계로 네트워크 및 클러스터 형성

기업뿐만 아니라 대학, 센터, 협회, 지자체 등의 공공 및 민간 기관들은 네트워크의 발달에 중요한 중개(매개) 역할을 할 수 있다. 특히 동종 업종의 이해를 대변하는 협회는 네트워크 형성에 매우 중요한 역할을 한다. 그렇지만 클러스터는 단순한 동종 산업의 집적을 넘어선 개념이므로 클러스터와 네트워크를 이해하기 위해서는 전통적인 산업 분류기준보다는 실질적인 생산사슬 연계관계를 보아야 할 것이다. 따라서 동종 산업의 이해만을 대변하는 섹터(Sector)적 접근방법은 클러스터 발전에 장애 요소로 작용할 수도 있다.

6) 유기적 네트워크를 통한 혁신 창출능력 필요

현재 우리나라에 있는 산업단지들의 네트워크와 클러스터 형성을 조사한 보고서나 논문들에는 한결같이 지원기관 또는 기업간 네트워크를 통한 혁신 창출능력이 취약한 것으로 나타나 있다. 산업단지 내의 기업과 주변의 대학 및 연구기관들 사이에 네트워크가 미약하며, 또한 이들을 서로 연결하는 중개기관이 부족하고 그나마도 필요한 노력이 거의 이루어지지 않고 있다는 것이다. 아직까지 원자화된 개별 행위자로 머물러 있는 산업단지 및 그 주변의 산 · 학 · 연 · 관 각 주체들이 유기적인 협력관계 속에서 시너지를 창출하도록 해야 보다 바람직한 혁신 클러스터로 전환될 수 있다.

7) 클러스터 정책을 종합적인 네트워크로 수행하는 기관 필요

클러스터 정책의 핵심 요소는 아래의 그림에 나타나 있듯이 활성화(Mobilization), 진단(Diagnosis), 협력전략(Collaborative Strategy)(Harrigan, 1985), 그리고 설치(Implementation)의 4가지이다.

활성화(Mobilization)는 유무형의 이익 제공을 통하여 클러스터 구성원들이 참여하고자 하는 동기부여를 하는 것이며, 진단(Diagnosis)은 클러스터 분석을 통하여 강점과 약점을 도출해 내는 것이고, 협력전략(Collaborative Strategy)은 진단을 통해 클러스터 발전을 위해 필요한 행동과 전략이 무엇

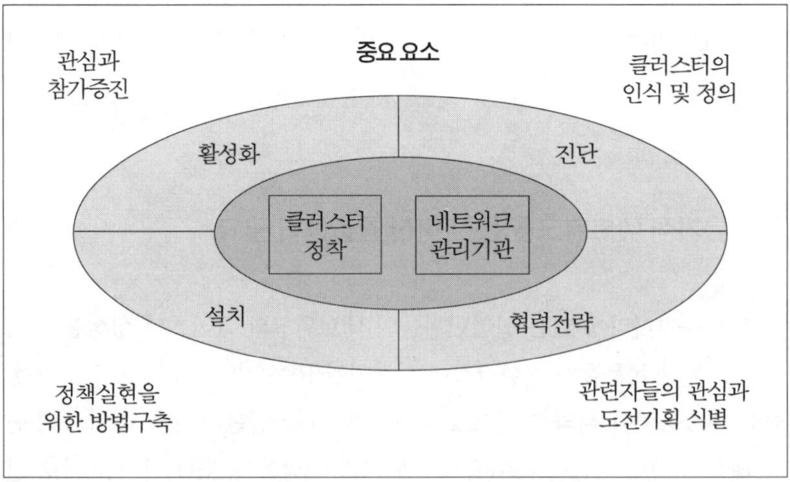

[그림 8-1] 클러스터 발전전략

인지를 파악하는 것이며, 설치(Implementation)는 필요한 행동과 전략을 수행하는 것이다. 이러한 클러스터 정책을 네트워크를 통해 추진하고 관리 감독하는 기관이 현재 국내 대부분의 바이오 클러스터 구축지역에는 존재하고 있지 않거나 설령 있다 하더라도 그 활동이 미미한 것으로 보인다.

2. 산 · 학 · 연 · 관 네트워크 활용과 바이오 기업 육성

1) 단발적인 지원보다 비즈니스 토양 조성의 필요성

국내 각 지역에서 내세우고 있는 중요한 전략산업 중의 하나인 바이오 산업발전을 위해서는 유형, 무형의 인프라나 연구인력, 시장 환경, 기술혁신 등의 조건이 잘 조화된 상태에서 구비되어야 한다. 바이오 벤처에 집중적인 자금 지원을 한다고 하더라도 비즈니스 토양이 조성되어 있지 않으면 제대로 성장하기 힘들다.

그리고 바이오 기업들 중 성공한 기업이 나타나더라도 비즈니스 토양이 좋은 다른 지역으로 이주할 가능성이 높다. 처음에는 지방의 테크노파크에서 주는 각종 인센티브 때문에 지방에서 창업했다가, 어느 정도 자력 성장이 가능하다고 판단되면 국내에서 최고의 비즈니스 토양을 가진 수도권으로 이주하는 기업이 상당수 있다. 걸음마 상태의 초기 기업을 육성하기 위한 각종 지원책도 중요하지만 성장한 기업이 수도권으로 이전하지 않고 계속 그 지역에서 비즈니스를 할 만한 비즈니스 토양이 조성되어야 한다.

2) 네트워크와 클러스터

네트워크를 통해 집합적 학습이 가능하게 되고, 지역 차원의 경쟁력 강화와, 사회관계의 기초, 직장 이동의 동기, '지식 공동체(knowledge community)'로 비교적 쉽게 발전될 수 있다. 따라서 클러스터 구성원들 사이의 네트워크를 장려하는 것은 가장 중요한 클러스터 육성전략이 된다.

3) 네트워크를 통한 경쟁력 향상

중소규모의 기업들은 공식적, 비공식적 네트워크를 활용하여 서로 협력하면서 경쟁력을 향상시킨다. 특히 암묵적 지식의 이전을 용이하게 하는 네트워크는 기업 활동에 대단히 중요하다. 제대로 된 네트워크는 초기 바이오 벤처 육성에 중요할 뿐만 아니라, 스타가 된 바이오 기업이 타 지역으로 가지 않고 지속적으로 그 지방에서 기업 활동을 영위하는 데 중요한 토양 성분이 된다. 그 지역에서 만들어진 네트워크가 그 기업의 중요한 자산이 되기 때문이다.

4) 성공한 바이오 기업과 네트워크를 통한 비즈니스 토양 조성

한 지역의 바이오 클러스터 내에서 네트워크 등 잘 조성된 비즈니스 토양을 통해 자생적으로 스타 기업이 탄생하면, 그 지역 내 기업이나 대학에 있는 기술 연구자들의 벤처 창업 붐을 유도할 수 있다. 나아가서는 국내외의 유망한 바이오 기업들을 비즈니스 토양이 잘 조성되어 있는 지역으로 이전하도록 유도하는 효과를 기대할 수 있다. 따라서 바이오 기업의 성공과 네트워크를 포함한 비즈니스 토양은 서로 강력한 시너지가 나타날 수 있는 상호 의존적이고 긍정적인 시스템이라고 할 수 있다.

5) 바이오 네트워크와 바이오 기업 육성

[그림 8-2]에서 보듯이 허브 바이오 네트워크를 골격으로 하는 클러스터가 구축/운용되면 다양한 지원기관들을 묶어 바이오 산업의 저변확대와 더불어 다양한 사업 아이디어의 논의와 개발이 이루어지고, 연구/생산/판매를 위한 하드웨어/소프트웨어 인프라를 효율적으로 구축하는 데 도움이 될 수 있다. 또한 스타 기업 만들기 등 각종 형태의 바이오 기업 육성

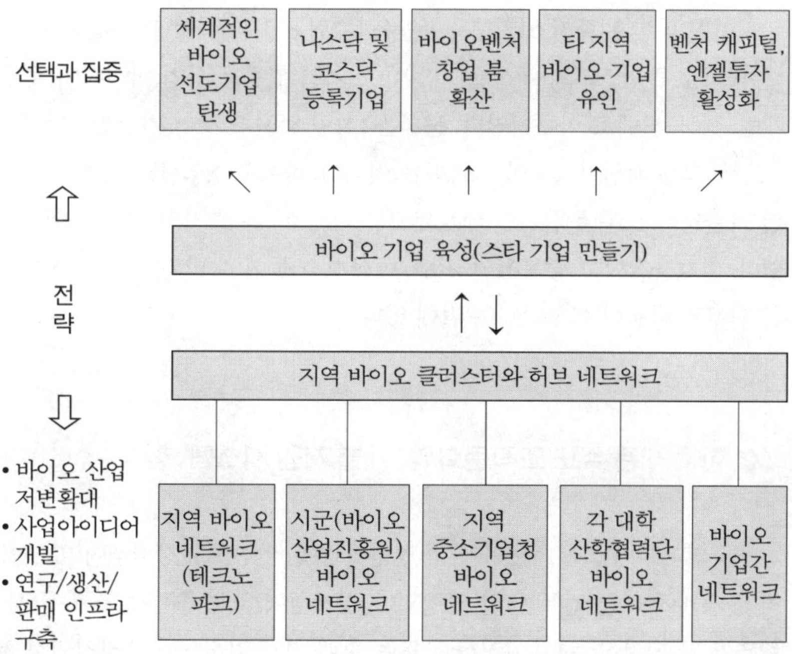

[그림 8-2] 바이오 클러스터, 네트워크 및 바이오 기업 육성사업 관계

사업이 효과적으로 진행됨에 따라 바이오 구성원의 저변확대가 이루어지고, 선택과 집중 육성방법을 다양하게 적용하여 세계적인 바이오 기업이나 코스닥 등록기업을 배출하면, 다시 이것은 다른 지역에서 기업들을 유치하는 효과와 더 많은 다양한 창업 활동에 좋은 영향을 줄 것이다.

3. '개별 지원 시스템'과 허브 네트워크의 필요성

1) 지역 바이오 클러스터 내의 '개별 지원 시스템'

지역별 바이오 클러스터 구축방안은 [그림 8-3]과 같이 요약해 볼 수 있다. 바이오 클러스터의 핵심은 기업이고, 기업 활동은 사업 아이디어, 연구개발, 생산, 판매로 이루어진다. 문제는 [그림 8-3]과 같이 기업발전단계별로 관련되는 지원기관들이 다르다는 것이다. 바이오 산업 육성과정에 관련된 기관들이 모두 독립적인 네트워크를 가지고 '개별 지원'이 이루어지고 있다. 비효율적이고 중복적인 지원, 예산지출 등이 수반되고 있고 지원기관 위주로 활동이 이루어질 수밖에 없다.

2) 한국의 관 주도 조직문화와 '개별 지원 시스템' 형성

한국의 조직문화체계는 수직적 명령이행에 익숙하다. 강제성이 있는 수직적 체계에 따른 업무는 잘 진행되나, 강제성이 없는 수평적 관계에서는 협조가 잘 되지 않는다. 이러한 문화는 오랜 기간 익숙해진 중앙집권적 체제에서 비롯되었다. 이를테면 지방의 중소기업청장은 부임하자마자 중앙

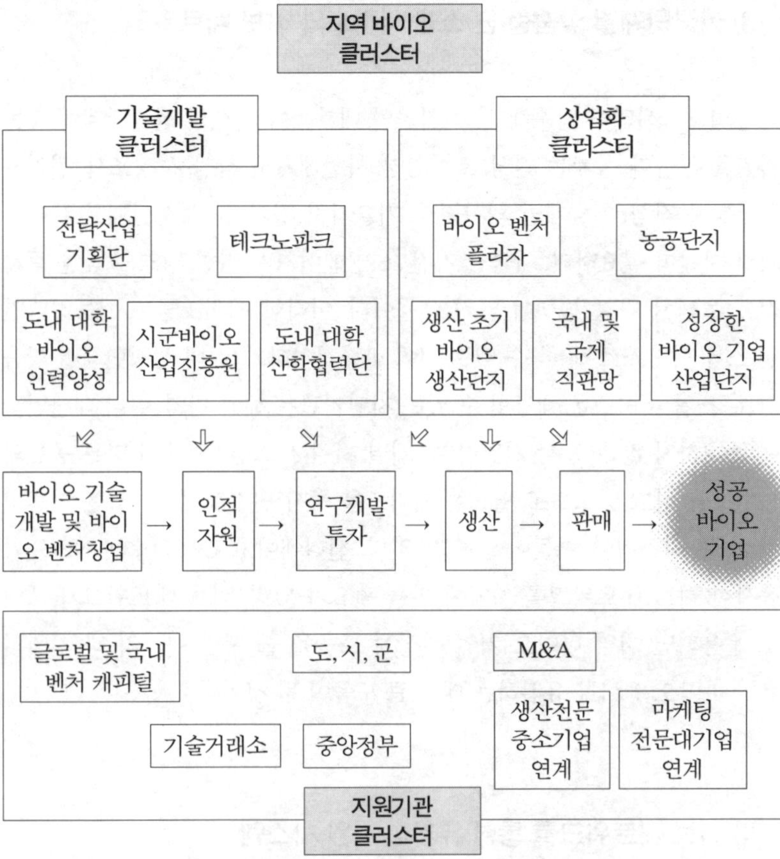

[그림 8-3] 지역별 바이오 클러스터 지원 시스템

본부로의 복귀를 생각해야 하는 입장에 있는 경우가 많으므로 지역 협조체계에 신명을 바칠 인센티브가 적다.

지원기관인 광역지자체, 시/군, 산업자원부, 중소기업청, 대학 모두가 '개별 지원 문화' 때문에 중복 지원 등의 방식으로 각자의 벽 속에 갇혀 기업을 지원하고 있다. 어느 정도는 예산 등의 수단을 가지고 강제할 수 있는 수평적 협력체제의 구축이 필요하다.

3) 성장단계별 맞춤형 원 스톱 서비스와 허브 네트워크

창업보육센터에 입주해 있는 기업의 대부분이 자신의 성장단계에 맞는 지원을 원한다. 종자돈 펀딩, 조직경영, 사업계획서 작성, 시장조사, 정책자금신청서 작성, 기술개발 의사결정, 기술가치 평가 등 성장단계별로 여러 가지 지원이 필요하다. 기술만 가진 초기 벤처가 이러한 경영의 숲을 독자적으로 헤쳐 나갈 능력이 없기 때문이다. 이러한 서비스들도 가능하다면 원 스톱 서비스로 해 줄 수 있는 것이 바람직하다. 그런데 성장단계별 맞춤형 원 스톱 서비스를 제공할 수 있는 지원기관은 해당 지역, 아니 대한민국에 존재하지 않는다. 각 기관마다 '개별 지원 시스템' 하에서 다른 종류의 서비스를 하고 있으므로 필요한 서비스를 즉시 연결해 줄 수 있는 맞춤형 원 스톱 시스템이 만들어질 수가 없다. 샌디에이고 UCSD CONNECT와 유사한 허브 네트워크를 지역에 만들 필요가 있다. 허브 네트워크가 제대로 운용되면 지역 바이오 기업 성장에 도움을 줄 뿐만 아니라 타 지역의 유망 바이오 벤처를 유입하는 데도 큰 도움이 될 것이다.

4) 허브 네트워크를 통한 유기적 지원 시스템

기업 성장과정에서 모든 지원기관들이 하나의 기업체에 속한 사업부서처럼 움직인다면 훨씬 효율적인 바이오 기업 육성이 가능할 것이다. 그러나 대학, 지자체, 중소기업청, 산업자원부 등은 독립된 예산체계를 가지고 있으며 지향하는 목표가 다를 수 있기 때문에 통일된 행동은 불가능하고 단지 유기적인 협조체계를 통해서만 클러스터 전체의 효율성을 향상시킬 수 있을 것이다. 이 유기적인 협조 관계를 만들어 주는 것이 허브 네트워크이다.

5) 분리된 네트워크들의 연결 필요

현재 지역에 있는 지원기관들은 각자의 네트워크로 그 나름대로 역할을 하고 있다. 그런데, 이러한 네트워크를 총체적인 시각에서 조망하는 구심점 역할을 담당하는 네트워크는 아직 존재하지 않고 있다. 성공적인 샌디에이고 바이오 클러스터의 경우 현재의 거미줄 네트워크 시스템을 구축하는 데에는 의도적인 정책적 개입이 있었으며, 특히 허브 네트워크인 UCSD CONNECT가 있었기 때문에 가능했다는 것을 상기할 때, 국내 지역에도 이와 유사한 형태의 허브 네트워크를 인위적인 노력과 강제를 동원하여 만들 필요가 있다.

4. 지역의 바이오 허브 네트워크 구축

지역의 허브 네트워크를 구축하기 위한 구체적인 방법을 제시하기는 상당히 어렵다. 각 기관별 예산 지원방식과 운영방식, 문화, 네트워크 연결시의 효과 등에 대한 구체적인 연구가 있어야 하기 때문이다. 이 연구에서는 개략적인 지역의 바이오 허브 네트워크 구축에 대한 아이디어의 핵심과 정책적 방향성에 대해서만 논의하기로 한다.

1) 지역 바이오 커넥트와 설립 주체

(1) 지원기관들의 출연에 의한 허브 네트워크

허브 네트워크는 기본적으로 수평적 네트워크이다. 그 취지를 살리고 창조적이고 자율적인 네트워크를 지향하려면 광역지자체, 시/군, 산업자원부, 중소기업청 등 관련기관들의 출연금을 바탕으로 허브 네트워크를 설립하여 운용하는 것이 가장 좋은 방법이다. 지역 바이오 클러스터 시범사업으로 중앙정부에 보조금을 신청해 보는 것도 방법이 될 수 있다. 독립된 기관을 만들어 허브 네트워크를 운용하려면 비용이 많이 소요되긴 하지만 하드웨어 인프라에 소요되는 막대한 자금과 비교해 보면 큰 문제가 될 수 없다.

(2) 테크노파크를 축으로 하는 허브 네트워크

테크노파크가 중심이 되어 UCSD의 CONNECT와 같은 프로그램을 만들어 운영하는 것을 쉽게 생각해 볼 수 있다(권영섭, 2001). 일반적으로 테크노파크는 광역지자체가 설립하여 운영하고 있으므로 나름대로 강제할 수 있는 예산권 등 여러 가지 인센티브를 가지고 있기 때문에 허브 네트워크의 운용이 상대적으로 쉬울 수 있다. 또한 해당 지역의 발전에 직접적인 이해관계를 가지고 있으므로 적극적 네트워크 운용도 기대해 볼 수 있다. 물론 테크노파크 고유의 이해관계와 정보통신 등 바이오 이외의 다른 사업과의 우선순위에서 갈등이 있을 수 있다.

(3) 시/군을 축으로 하는 허브 네트워크

지역 바이오 클러스터 발전과 가장 직접적인 이해관계를 가진 기관이

시/군인 점을 고려할 때 시/군을 축으로 하는 지역 허브 네트워크도 고려해 볼 만하다. 단지 광역지자체 등 상급기관과의 관계에서 네트워크의 창의적 자율성이 영향을 받을 우려가 있다.

(4) 지역 중소기업청을 축으로 하는 네트워크

중소기업청은 지역 중소기업 발전과 가장 깊은 관련성을 가지고 있고 각종 예산 지원권을 가지고 있는 기관이므로 강제적 실천력을 가질 수 있다. 그러나 바이오 분야 이외의 다른 많은 산업분야에 이해관계를 가지고 있고 중앙에서의 지침에 주로 의존하므로 해당 지역에 적절한 정책을 창의적이고 적극적으로 운용하기는 힘든 문제가 있다.

2) 지역 바이오 허브 네트워크의 구성 및 역할

(1) 개별 네트워크연결과 시너지 효과 산출

공식적 · 비공식적 네트워크, 산학연관 NGO 등의 섹터(sector)적 네트워크의 한계를 극복하기 위해서는 바이오 관련 네트워크들을 종합적으로 관장하고 네트워크 사이의 중개역할을 담당하고 향후 클러스터의 형성과 발전에 어느 정도 방향성을 주고 정책적 개입을 할 수 있도록 허브 네트워크가 운영되어야 한다.

(2) 독립된 예산권과 정책적 수단 필요

허브 네트워크에게 독립된 예산권과 관련기관 또는 기업들에게 어느 정도는 강제할 수 있는 정책적 수단이 주어져야만 현실적인 운용이 가능하다.

(3) 지역 바이오 클러스터의 촉매자, 바이오 기업 육성 센터 역할

[그림 8-4]에는 지역 허브 네트워크가 클러스터의 촉매자로서 전체 네트워크를 관리하고 네트워크의 유지와 보수, 생성, 확장 등의 정책을 추진하는 역할이 요약되어 있다. 각 지역 대학과 연구소, 중소기업, 대기업, 외국 기업, 관련 공무원 및 기관, 벤처 캐피털, 컨설팅 기업 등이 필요한 네트워크를 형성하고 그에 따른 다양한 연구회, 세미나, 교류회, 상담/정보 제공 등의 활동이 일어나고 이를 통해 새로운 사업 아이디어의 생성과 기술개발, 연구, 마케팅 노하우 등의 공유와 학습이 일어나서 네트워크 시너지가 발생하는 것을 보여 주고 있다.

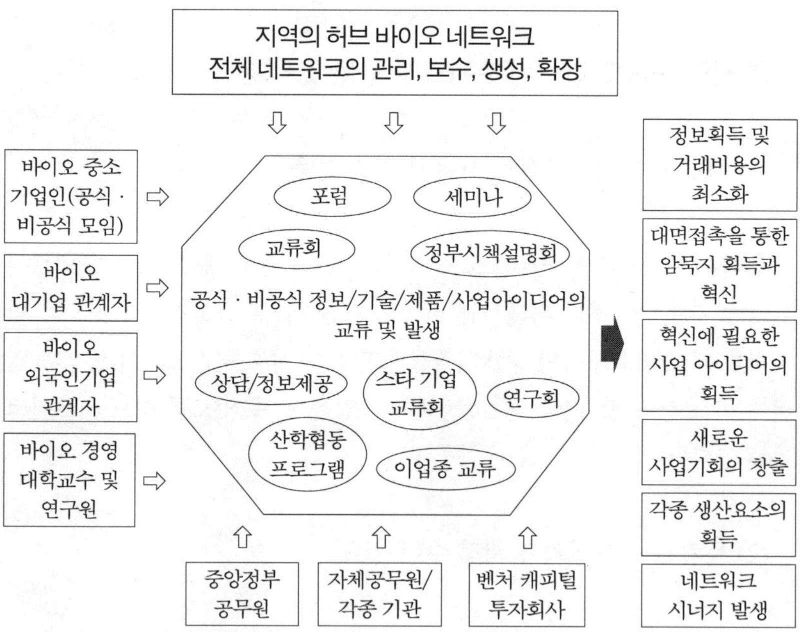

[그림 8-4] 지역의 허브 바이오 네트워크의 서비스 영역

3) 이상적인 허브 네트워크: 맞춤형 원 스톱 서비스 및 필요한 네트워크와 연결

지역의 바이오 기업은 허브 네트워크를 통해 성장단계별로 필요한 맞춤형 원 스톱 서비스를 받을 수 있다. 그림에서 보듯이 바이오 기업이 허브 네트워크에 의뢰하면 기업성장과 관련된 모든 서비스가 원 스톱으로 연결된다. 물론 허브 네트워크 운용자는 네트워크 연결에 있어 전문적인 서비스를 할 수 있어야 한다. 연구개발에서 시작하여 글로벌 제약사에게 M&A 될 때까지 필요한 지원을 모두 연결시켜 줄 수 있는 이상적인 허브 네트워크를 구축/운용해야 한다.

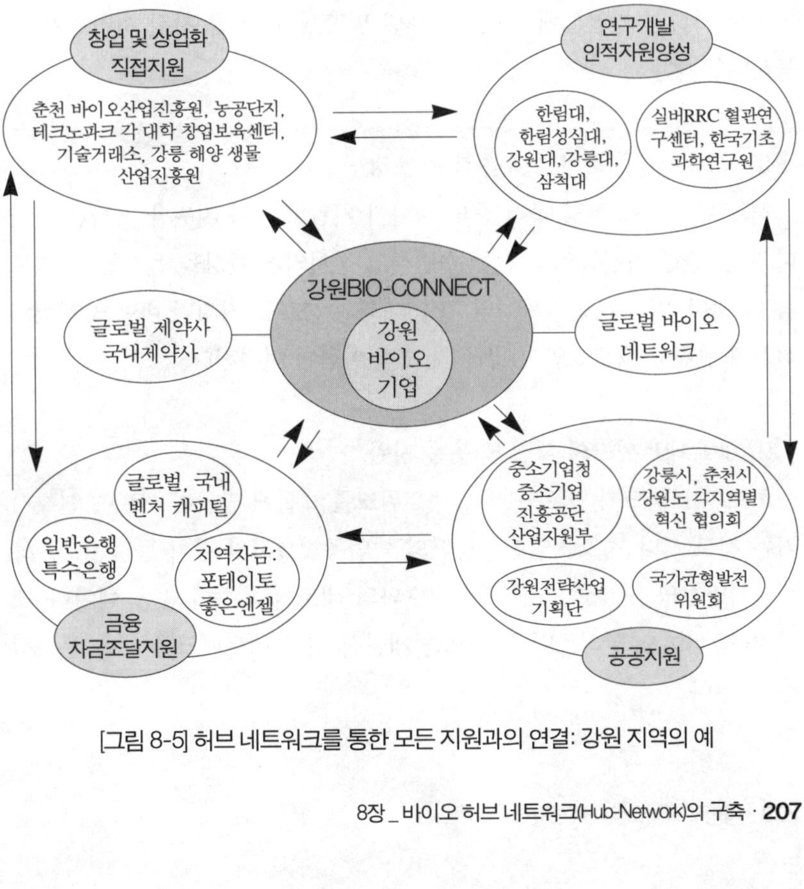

[그림 8-5] 허브 네트워크를 통한 모든 지원과의 연결: 강원 지역의 예

4) 허브 네트워크의 개략적 구축 내용

(1) 구축목적

① 성장단계별 맞춤식 원 스톱 지원

UCSD CONNECT에서 하는 바와 같이 성장단계별 맞춤식 원 스톱 지원을 할 수 있도록 하는 것이 허브 네트워크 설립을 해야 하는 가장 중요한 이유이다. 지역 바이오 클러스터 내에는 각 대학별 네트워크, 기업간 네트워크, 시/군 바이오산업진흥원, 광역지자체 테크노파크 네트워크들이 있으며 각각 지원단계가 다르다. 이들 서브 네트워크와 긴밀한 협조 관계를 맺고 자체 프로그램을 가동하면서 필요한 경우 외부 네트워크와도 협조체제를 유지하면 기업들에게 성장단계별 맞춤식 원 스톱 지원 서비스가 가능하다.

② 중복 지원을 피하고 효율적 육성 강구

허브 네트워크 운영 목적 중의 하나가 기관별 중복 지원을 피하는 것이다. 지원 관련 기관들의 의견을 수렴하고 정책의 일관성을 유지할 수 있도록 해 준다. 또한 지원기관끼리 자주 대화의 통로를 가지면 바이오 기업의 성장과 관련한 애로요인의 발굴 및 대책 마련이 쉬워진다.

③ 개별 네트워크의 설립 및 운용 지원

허브 네트워크가 있으면 개별 네트워크를 새롭게 만들어 허브에 연결시키는 것도 쉽다. 중소기업진흥공단의 이업종교류회와 같이 동업종교류회, 생산체인상의 교류회, 기업인과 교수와의 네트워크 등이 좋은 예이다. 또한 지역 바이오 클러스터에 필요한 개별적 서브 네트워크를 계속 분사시킬 수 있다.

(2) 서비스 범위 및 운영권한

① 허브 네트워크의 서비스 범위 및 권한 결정

허브 네트워크의 성격규명이 필요하다. 1) 기업 지원 서비스를 하기 위해 특정 서비스를 필요로 하는 기업과 서비스 제공기관 또는 서브 네트워크를 연결만 해 주는 방법, 2) 연결서비스를 위주로 하면서 세미나 등 자체 프로그램을 시행하는 방법, 3) 2)의 기능을 시행하면서 기업지원 예산권과 관리권한을 관련 기관으로부터 일정 부분 위임받아 인센티브와 강제수단을 가지고 운영하는 방법 등을 생각해 볼 수 있다. 참고로 이 연구에서의 벤치마킹 대상인 UCSD CONNECT는 2)의 수준에서 기업 지원을 하고 있다.

② 한국의 초기 클러스터 형성과정에서 바람직한 방법

허브 네트워크가 효과적으로 움직이기 위해서는 가능하면 기업들에게 적절한 인센티브를 줄 수 있는 권한이 있는 것이 편리하다. UCSD CONNECT식(2)의 방법)으로 기업이 지원 서비스에 대한 비용을 전부 지불하게 하는 것은 우리나라에서는 아직 시기상조인 것으로 보이기 때문이다. 각 기관에서 따로 기업지원을 위해 확보하고 있는 예산과 권한의 일부를 허브 네트워크의 효과적 운용을 위해 위임하는 3)의 방법이 바람직해 보인다.

(3) 허브 네트워크의 기초 인프라 구축

① 인적 네트워킹 활성화

첨단 바이오 산업발전을 위해서 클러스터가 효과적인 이유는 면 대 면(face to face) 접촉을 통한 정보의 교류와 신뢰의 축적이 가능하기 때문이다. 정기적인 워크숍, 포럼, 세미나, 기술교류회 등을 개최하여 사업추진 노하우 등의 정보를 공유함으로써 지식과 신뢰의 교환이 이루어질 수 있도록 한다. 기술개발/생산/마케팅 체인에 속한 기업들간, 동종기업간, 이종기업간, 산학간 등 여러 종류의 그룹핑을 하여 인적 네트워크를 활성화하도록 한다. 각 기관에서 시행하는 사업들을 연결시키는 방법도 있고 허브 네트워크 자체적으로 할 수도 있다.

② 포털 사이트 운영 및 DB구축

포털 사이트를 구축하여 바이오 기업들이 온라인을 통해 편리하게 허브 네트워크의 서비스 내용을 숙지하게 하고 각종 서브네트워크 및 지원기관들의 기업지원 서비스의 내용을 쉽게 파악할 수 있도록 한다. 또한 기업별, 관련인별 DB를 작성 배치하여 개별적 접촉과 네트워킹이 가능하도록 해 준다. 또한 중앙정부 및 지자체의 각종 바이오 산업시책, 해외 바이오 산업 동향 정보 등도 포털 사이트를 통해 쉽게 접근할 수 있도록 해 준다.

③ 기업 지원 서비스 공급자와 수요자 간의 연계 프로그램

허브 네트워크는 단순히 정보를 전달하고 연결해 주는 소극적 기능뿐만 아니라 적극적으로 네트워크 구성의 장을 마련해 주어야 한다. 따라서 기업 지원 서비스 공급자간, 수요자(바이오 기업)간, 또한 공급자와 수요자 간에 면 대 면 접촉을 하여 대화를 할 수 있는 각종 위원회, 포럼, 세미나, 간담회 등의 연계 프로그램이 마련되어야 한다.

9장 바이오 지주회사의 설립

1. 지역 바이오 지주회사의 설립 필요성

1) 마케팅 전문회사 기능의 한계

국내 바이오 진흥지역에서는 지역혁신5개년계획의 바이오 산업 육성을 위해 마케팅 전문회사 설립계획이 포함되어 있다. 마케팅 전문회사는 소규모 바이오 기업들의 대부분이 마케팅 능력이 없으므로 이를 도와주기 위한 것이다. 그런데 소규모 바이오 기업들은 마케팅 능력만 부족한 것이 아니다. 기술 중심 기업이라고 하더라도 기업의 기본적인 기능인 기술개발, 생산, 경영전략, 마케팅, 판매 등 다양한 분야가 모두 잘 돌아가야 성공할 수 있다. 따라서 마케팅 전문회사의 설립만으로 바이오 벤처 기업들의 모자란 점을 채워 주기는 부족하다.

2) 경영 활동 전반에 걸친 지원 필요

대부분의 소규모 바이오 벤처의 CEO들은 초기 상태의 기술개발에만 경쟁력이 있을 뿐, 기업이 운영되기 위한 나머지 기능들에 대해서는 문외한인 경우가 많고 소규모 조직으로 인해 기술개발 이후의 부대비용을 감당할 능력과 자금이 없다. 또한 제한된 기술분야 및 경영능력 부재로 인해 기업가치도 제대로 인정받기 힘들며 과학기술자 출신의 CEO를 전방위적 경영인으로 만드는 것은 더욱 힘들다. 그렇다고 해서 소규모 바이오 벤처가 제대로 된 경영조직을 갖추려면 그 부대비용을 감당하기 힘들다. 따라서 과학기술자 CEO는 본래의 장기인 기술개발에 전념하게 하고 사업계획 작성, 경영전략 수립, 회계, 마케팅, 판매 등 일반 경영 전반에 걸친 도움을 줄 수 있어야 한다.

3) 기업발전의 이해관계를 함께하는 지주회사

바이오 지주회사는 일반적인 지원기관과는 달리 바이오 벤처 기업들과 기업발전의 이해관계를 함께하기 때문에 경영 전반에 걸친 일들을 전방위적으로, 자기 회사의 일처럼 지원할 수 있다는 점에서 가장 적극적인 바이오 벤처 육성방법이 될 수 있다.

4) 지역 바이오 지주회사의 설립시 고려사항

(1) 다양한 이해관계자가 포함되는 설립 주체

지역 바이오 기업들과 중소기업청, 도, 시/군, 투자가 등 지역 벤처 기업과 관련된 이해당사자들로 구성된 '지역 바이오 지주회사 추진위원회'(가칭)를 구성하여 우선 '지역 바이오 지주회사' 설립방안을 마련하는 것부터 시작해야 한다.

(2) 다각적인 벤치마킹을 통한 설립방안 마련

대전시 등 먼저 시작한 지자체로부터의 벤치마킹, 포스코 등 바이오 부문에서의 지주회사 설립이유와 운영방법, 민간부분에서의 지주회사 운영방법 등을 다각도에서 벤치마킹하여 설립방안을 구체화시켜 나간다.

(3) 지주회사 설립 배경설명회로부터 시작

지주회사 설립방안이 구체화되면 기업과 도, 시/군 등 유관기관을 대상으로 지역 바이오 지주회사 설립 배경 설명회를 갖고 관련 주체들의 참여를 유도하도록 한다. 관련 기관들의 출연의지가 중요하므로 설득력 있는 설립방안을 마련해야 한다.

2. 지역 바이오 지주회사의 내용

1) 지역 바이오 지주회사의 성격

지주회사는 주식 소유를 통해 다른 사업회사를 지배하는 것을 주된 사업으로 하는 회사로서 다른 사업을 영위하지 않는 '순수지주회사'와 일반사업 및 지주회사 기능을 함께 갖춘 '사업지주회사'로 나뉜다. 물론 지역 바이오 지주회사는 바이오 기업들의 경영을 도와주기 위해 설립되므로 '사업지주회사' 가 된다.

2) 바이오 지주회사로 인해 예상되는 장점

(1) 각종 공적 지원 시스템의 민간화로 인한 효율성 제고

테크노파크, 바이오산업진흥원 등 공적 자금으로 운영되고 있는 지원 시스템을 상당 부분 바이오 지주회사로 이전하면 '공적 지원 자원의 민간화' 가 이루어짐으로써 효율적이면서 시장 지향적인 지원이 이루어질 수 있다.

(2) 적극적 경영 지원

자회사인 바이오 벤처들이 잘되어야 지주회사의 기업가치가 상승하므로 공적 지원기관이나 독립된 마케팅 전담회사보다 훨씬 적극적으로 자회사들의 경영을 도와줄 인센티브가 있다.

(3) 기업가치의 증대

바이오산업진흥원, 테크노파크 등에 입주해 있는 경영능력이 부족한 바이오 벤처 기업만으로는 시장에서 기업가치를 인정받기 힘들지만 지주회사는 그 경영전문성, 다양한 제품라인, 규모 덕분에 시장에서 기업가치를 인정받기 쉽다. 따라서 자금유치가 수월해진다.

(4) 기술개발에 집중

자회사들인 바이오 벤처 소기업들이 기술개발에만 핵심역량을 쏟을 수 있다.

(5) 경영기획부문의 전문성

사업계획서 작성, 고급인력 조달 등 경영전략부문의 전문성을 가질 수 있다.

(6) 효과적인 마케팅 전략 및 다양한 마케팅 믹스

국내외 마케팅 채널 개설사업을 규모경제효과를 가지고 효율적으로 할 수 있다. 바이오 칩 사업처럼 소량 다품종 사업일 경우에는 여러 바이오 벤처의 제품을 한데 묶어 마케팅 믹스를 하면 경비 절약적이고 효율적인 마케팅이 가능하다.

(7) 규모 있는 기업홍보 가능

기업/제품 홍보/광고 이미지 사업을 규모 있게 시행할 수 있다.

(8) 소규모 바이오 벤처로서는 비용 소모적인 일반 경영 일체 지원

- 무역실무, 수출수입 컨설팅(계약서양식, 은행 신용장, 수출금융 등)
- 조직(기업지배구조, 지분 구성, 내부통제 및 조직구조 등)
- 급여(스톡 옵션, 스카웃 비용, 연봉제, 호봉제 등)
- 인사(직급 및 직무체계, 모집, 퇴직, 승진, 인력양성, 노사 관계 등)

- 재무(정부기관자금, 연구자금, 은행, 벤처, 에인절, 신용보증기금 등)
- 회계(기업회계기준 및 벤처 기업특별법에 의한 회계처리, ABC기법, EVA, MVA 방법에 의한 기업평가 등)
- 지식재산권 획득 및 관리
- 기업 IR 및 투자 유치
- 코스닥 등록
- 법률문제 관리

(9) 지주회사의 허브 네트워크 역할

- 시너지를 창출할 수 있는 연구소/대학들과의 제휴 및 네트워크 구축
- 영업 및 마케팅 관련 국내외 제휴 및 네트워크 구축 및 활성화
- 소비자 그룹과의 커뮤니티 형성과 쌍방향 네트워크 구축

3) 바이오 지주회사 설립에서 예상되는 어려움

(1) 자본금 마련의 어려움

현행법상 지주회사의 요건으로서는 총자산규모가 1,000억 이상, 총 자산 중 자회사 투자분이 총자산의 50% 이상을 차지해야 한다. 1,000억 원의 자금을 마련하는 일이 쉽지 않을 것이다.

(2) 편입 대상 자회사의 부족

국내의 바이오 기업 중 첨단 고부가가치 기업으로 분류될 수 있는 기업 수는 너무 적다. 지주회사의 요건으로는 500억 원 이상이 자회사에 투자되

어야 하는데 현재 각 지역별로 입주해 있는 바이오 벤처들의 상황을 볼 때 지역별로 500억 원의 투자를 소화하기는 힘들 것으로 보인다. 물론 장기적인 관점에서 투자 대상이 늘어날 수는 있을 것이다. 대학에 있는 초기 기술의 발굴, 일정 기간 내에 지역에 이주해 오는 조건으로 타 지역 유망 바이오 기업에 투자하는 것도 해결방법이 될 수 있다.

(3) 기업가치 평가의 어려움

벤처 기업의 기술가치 측정은 고무줄 늘이기와 비슷하다. 자회사로 등록시키기 위해서는 일정 지분(일반기업 50% 이상, 벤처 기업은 20% 이상)을 획득해야 한다. 그런데 기업가치에 대한 판단이 벤처 캐피털과 벤처 기업 사이에 이견이 워낙 커서 투자가 잘 이루어지지 않고 있는데 이러한 현상은 고부가가치 바이오 기업일수록 더 심하다.

3. 지주회사의 설립 동향

1) 벤처 지주회사를 계획중인 대덕밸리

(1) 1000억 자본금의 벤처 지주회사 설립계획

대덕밸리의 입구 표지판을 보면 대덕밸리 내 기업을 하나로 묶어내는 벤처 대기업 출범 밑그림이 있다. 2004년 2월부터 자본금 1,000억 원의 세계적인 '벤처 대기업' 이 대덕밸리에서 구상되고 있는 것이다. 대덕밸리연합회에서 구상중인 이 '벤처 대기업' 은 자본금 1,000억 원 수준으로 세계적으로 경쟁력을 갖출 수 있게 만드는 것이 목표이다. 기업, 금융지주회사를 연상케 하는 이 벤처 대기업은 현재 대덕연구단지 내에 있는 열악한 벤처 기업을 살리기 위한 것이다. 실제로 이 시도는 지난 수년간 자금난으로 어려움을 겪어 온 대덕밸리 기업들을 회생시키기 위한 획기적인 조치로 향후의 성공 여부에 비상한 관심이 쏠리고 있다.

대덕밸리 기업집단화의 밑그림을 그리고 있는 대덕밸리벤처연합회의 한 기업인을 벤처 기업을 살리고 또 국가 경쟁력을 갖추기 위해서는 기업 집단화밖에 없음을 피력하고, 미래 9대 핵심 성장산업의 집중 육성을 통한 성장엔진 추진이라는 국가 시책과도 부합됨을 강조했다.

구체적으로 1단계(협력단계), 2단계(동화단계), 3단계(합병단계)로 나눠 2005년 말까지 지주회사 설립을 추진하겠다는 것이 연합회의 마스터플랜. 프로젝트가 완료될 때까지는 적어도 100여 개가 넘는 기업들을 M&A하겠다는 구상이다.

(2) 기업집단화를 통한 경쟁력 확보

우리나라가 중국 등과 경쟁하기 위해서는 연구개발을 통한 경쟁력을 키우는 수밖에 없는데 현재 우리 기업의 상태로는 기업의 영세성과 기업간의 지나친 가격인하경쟁으로 투자할 자본이 부족해 쉽지 않다. 따라서 이 같은 문제점을 극복하고 기술개발의 시너지를 높이기 위해서는 유사업종 기업들을 통합하거나 집단화해 대외적으로 경쟁력이 있는 기업화를 이끌어내야 한다는 주장이다.

기업집단의 지주회사 설립은 대덕밸리 내 기업들이 기술력이 뛰어남에도 불구하고 대외 경쟁력이 부족해 영세성을 면치 못하는 데 따라 관련 기업들을 M&A를 통해 흡수, 기술을 집중화함으로써 경쟁력을 강화하고 시너지 효과를 높이자는 취지에서 마련됐다.

(3) 국가 및 지방자치단체가 출연하는 지주회사의 설립 필요성

지주회사 설립 추진 주체에서는 대덕밸리는 기업 상태가 유사하고 기업간 네트워크가 용이하며 첨단기술개발능력이 우수해 이러한 시도를 하기에 가장 좋은 환경이라며 연구단지 연구개발 특구 지정도 이러한 제도를 마련할 수 있는 기회라고 기업집단화의 필요성을 강조하고 있다.

자본금 1,000억 원대의 벤처 대기업은 기업집단화를 주도한 국가 및 지방자치단체가 출연한 지주회사(가칭 대덕기술집단)를 만들고 이 지주회사가 정부의 9대 핵심 성장 엔진 추진에 필요한 기업들을 발굴, 관련 기업과 인수절차를 거쳐 해당 기업의 51% 주식을 확보하는 형식으로 밑그림이 그려지고 있다.

지주회사는 또 정부출연연구소와 협력해 정부출연연구기관이 기술을 개발해 지주회사에 제공하고 지주회사는 제공된 기술을 산업화하여 정부의 핵심 성장 엔진이라는 목표를 달성한다는 구상이다.

이와 함께 지주회사는 필요인력에 대해서는 지역 대학과 고등학교에 이를 통보해서 인재들을 우선 육성하고, 또 이 인재들을 우선 고용하는 협동화도 추진한다.

최종적으로 정부와 지방자치단체가 출연한 지주회사는 국가경쟁력이 갖춰졌다고 판단할 경우 기업공개를 통해 국내외 증권시장에 상장해 투자자 및 정부의 투자금을 회수할 수 있도록 하는 것으로 마스터플랜이 이루어져 있다.

(4) 침체된 벤처 기업들을 살린다는 기본 원칙의 중요성

대덕벨리의 관계자는 정부에서 관심을 갖고 투자효과에 대한 판단보다는 대덕연구단지 내 침체된 벤처 기업들을 살려 국가 및 지역경쟁력을 살린다는 기본 원칙만 세워지면 충분할 것이라고 주장한다. 즉 대덕밸리 기업들에 이를 설명해 호응을 유도한 뒤 정부와 지방자치단체, 관련 투자기관 등에게 설명하고 기구 설립을 준비해 나가면 빠른 시일 내에 기업평가 및 인수가 시작될 수 있을 것이라고 했다.

2) 바이오 자회사의 경영을 전담할 포스코 바이오 지주회사

(1) 바이오 지주회사를 통한 벤처 투자와 신약 개발

2004년 현재 포스코가 지주회사를 설립하여 바이오 벤처 기업 투자에 나서고 있다. 포스코는 미국 샌디에이고에 바이오 벤처 투자회사인 '포스코 바이오 벤처스'를 설립, 우량 벤처에 투자하는 한편 장기적으로 신약 개발을 추진할 방침이다. 포스코바이오벤처스에는 포스코의 미국 자회사인 POSAM이 자본을 투자했으며, 이 회사는 일종의 지주회사로 경영은 바이오 전문가로 구성된 '포스코바이오벤처스매니지먼트 합자회사'가 담당한다.

(2) 바이오 자회사들의 경영을 전담할 지주회사

경영을 전담하는 '포스코바이오벤처스매니지먼트 합자회사'는 포스코가 바이오 사업 진출을 위해 사내에 조직했던 바이오 사업 추진반 구성원들이 주축이 돼 설립한 회사로, 리오 킴 사장을 비롯해 미국 현지에서 다년간 활동해 온 바이오 사업 개발 및 컨설팅 전문가들이 참여하고 있다. 리오 킴 사장은 한인 3세로 마이크로젠, 쉘 등 미국 현지의 화학 및 정유 회사에서 바이오 사업을 25년 이상 추진해 온 전문가로 알려졌다.

3) 민간부문의 지주회사 설립: 규모경제효과와 전문적 경영 지원

(1) 지주회사 설립 붐

2005년 2월 현재까지 일반 지주회사로 등록된 업체는 대한색소공업, 대교네트웍스, 대우통신, 대웅, 다함이텍, 동원엔터프라이즈, 엘파소코리아홀딩스, GS홀딩스, 화성, 이수한국컴퓨터지주, (주)LG, 농심홀딩스, 온미디어, 풀무원, 삼성화학, 세아홀딩스, 동화홀딩스, CJ홀딩스 등 총 29개가 넘는다. 또한 금융지주회사는 동원, 세종, 우리, 신한금융지주 등 4개사이며 향후 많이 증가할 것이다. SK(주), 삼성물산, 한화, 코오롱, 두산, 동국제강, 금호석유, 삼양사 등도 지주회사등록요건 중 상당 부분을 갖춰 지주회사로 전환될 가능성이 높다.

(2) 기업가치 제고를 위한 지주회사 설립

지주회사는 기업 투명성을 통해 기업가치를 높일 수 있다. 한국 지주회사와 비교되는 홍콩 등 외국 기업들의 경우 순자산가치 대비 할인율이 10~20% 수준인 데 비해 국내 지주회사의 할인율은 50%를 넘는 비정상적인 상황이다. 하지만 지주회사 설립 및 인식에 대한 우호적인 환경이 조성되면 지주회사에 대한 관심이 높아져 주가가 보유 자산의 가치에 걸맞은 수준으로 상승할 가능성이 높다. 과거 비난의 대상이었던 재벌기업들의 상호출자를 극복하고 계열사간 상호출자 제한을 통해 기업투명성이 높아지고, 배당성향 상향 등 주주가치 제고를 위한 정책이 기대된다는 점이 지주회사의 매력 포인트이다.

실제 순자산가치 대비 할인율이 2004년 9월에 각각 82%, 51%에 이르는 세아홀딩스와 농심홀딩스는 2005년 2월 현재 시장가치가 각각 90%, 20% 이상 상승했다.

(3) 자회사들의 전문적 경영 지원을 위한 지주회사 설립

기술개발 및 생산 이외에 경영부문의 간접비용까지는 감당하기 힘든 자회사에 경영 지원을 위해서 지주회사(일명 '홀딩스')가 많이 설립되고 있다. 세아그룹의 중소기업들의 경영부문을 지원관리하는 '세아홀딩스', 농심그룹의 자회사들을 지원하는 '농심홀딩스' 이수그룹은 '이수홀딩스' 등 중소기업들인 자회사들의 경영을 전문적으로 지원하기 위해 지주회사들이 많이 생겨나고 있다.

(4) 벤처 기업 지주회사의 현황

IT벤처의 경우에는 지주회사의 설립 시도가 여러 번 있었다. 대표적인 것이 2002년 국내 선두 벤처 기업과 자산운용사가 모여 설립한 벤처지주회사인 KIH(코리아인터넷홀딩스)이다. 새롬기술 등 8개사가 100억 원을 출자해 설립한 이 회사는 2002년 3월경에 전국민을 대상으로 '국민 엔젤 펀드'를 공모해서 1조 원의 자금을 모집한다는 계획을 가지고 있었다. 같은 해 인터넷 거품이 꺼짐에 따라 이 사업은 흐지부지되었다. 메디슨도 지주회사 비슷한 형태의 시도를 했으나 IT 거품소멸과 함께 어려운 상황을 겪었다. 이러한 벤처 지주회사들은 자회사에 대한 경영 지원보다는 주식투자 행위를 통한 부의 창출을 우선적 기준으로 했기 때문에 이 연구에서 언급 중인 경영 지원을 목적으로 하는 지주회사와는 그 성격이 다르다. 경영 지원 성격을 가진 지주회사를 꿈꾸는 '바이오 홀딩스'도 설립되었으나 아직 그 성과는 미미하다.

4) 기존 바이오 대기업이 지주회사로: 바이엘

바이엘은 자체 바이오 벤처들과의 협동연구를 추진하는 데 920만 유로(1조 원)를 투자하여, 2006년까지 심혈관질환과 암, 간경화 등을 유발시키는 유전자와 단백질 등을 연구하고 있다. 바이엘은 이 분야에서는 무려 225개의 신물질을 개발한다는 목표를 세운 상태이다. 또한 게놈 프로젝트를 수행하기 위해 미국의 라이언 등 관련업계 및 IT업체들과 업무제휴를 체결해 서로 유전자정보를 주고받으며 생물정보학 합성화학 고효율 검사기법 등을 동원하여, 연구에 몰두하고 있다. 이러한 다양한 프로젝트들을 수행하는 데는 기존의 사업부제로는 효율성이 떨어질 수밖에 없다. 급변하는 환경에 탄력적으로 대응하기 위해 최근 들어 바이엘은 지주회사로 변모를 시도하고 있다. 사업부를 자회사화할 경우 자회사의 미래 가능성을 기준으로 하여 버리고 취하기가 훨씬 수월해지기 때문이다.

참고문헌

고유상(2002),『한국바이오 클러스터의 발전전략』, 삼성경제연구소

과학기술부(2003),『2003년도 생명공학육성시행계획』

곽수일 · 장영일(1998), "중소기업의 기술네트워킹과 혁신성과에 관한 실증연구", 『한국중소기업회지』 20(2), pp.51 ~ 71.

국가균형발전위원회(2004). 상생과 도약을 위한 신국토구상.

권영섭(2001),『시범테크노파크 사업과 지역혁신체제 구축』, 국토연구원.

권영섭(2001) "기업의 혁신행태를 통해 본 지역혁신체제 실증분석",『지역연구』 17(1): 9 ~ 90.

김범수(2004) "한국바이오 산업육성방안" 한림대학교 경영학과 창립 20주년기념 학술세미나.

김수동(2003), "바이오 벤처 기업의 현황",『2001 바이오 벤처기업 실태조사』, 한국바이오벤처협회,

김승호 · 김상현(2003), "대구경북지역 한방산업육성을 위한 핵심역량 및 협력네트워킹 모형에 관한 연구", 대구한의대학교 산업경영연구소,『산업경영』 제10호, pp.69 ~ 92.

김원동(2003). "국가균형발전정책: 개요, 정책 및 과제",『신뢰연구』 제13권 2호, 한림대학교 한림과학원. pp.161~183.

김인중 외(2001),『지식기반경제에서의 지역혁신체제 구축모형』, 산업연구원.

김주한(2000),『바이오 산업 발전을 위한 기반구축 방안』, 산업연구원, 2000.

문미성(2000),『산업집적과 기업의 혁신수행력』, 서울대학교 박사학위 논문.

박삼옥 · 남기범(2000), "중소기업육성을 위한 지역혁신체계 및 산업지구 개발방향",『국토계획』 35(3), pp.121 ~ 140.

박용규(2003),『지역산업의 현황과 문제점』, 삼성경제연구소 연구보고서.

복득규 외(2003),『한국산업과 지역의 생존전략 클러스터』, 삼성경제연구소

______ (2002),『2001 전국 바이오 벤처 실태조사』.

산업자원부(2002),『산업클러스터 활성화 정책 추진』.

삼성경제연구소(2002), "산업클러스터의 국내외 사례와 발전전략", 정책연구.

설성수외 2인(2002),『대덕밸리의 형성과 진화』, 과학기술정책연구원.

성경륭(2003). "참여정부의 균형발전전략", 한국지방분권아카데미 주최,『지방분권

과 국가균형발전을 위한 세미나』(한국지방분권아카데미 연구동 준공기념 세미나 자료집).
신동호(2000), "첨단 벤처기업의 산관학연 네트워크에 관한 연구", 『한국지역개발학회지』, pp.12(1), pp.1～15
안두현 · 김석관(2000), 『바이오 산업 기술패러다임의 변화에 따른 대응방안 모색』, 한국과학기술정책연구원.
이공래(2002), 『우리나라 지식클러스터 실태와 육성방안』, 과학기술정책연구원
이광희(2002), 『벤처캐피털이 바라본 바이오 산업의 전망 및 투자계획』, KTB Network(주).
이성근(2001) "지역혁신거점의 구축과 지자체간 협력방안", 『도시문제』, 통권 제36권 제393호, 대한지방행정공제회.
이영덕(2002), "BT 및 바이오 산업의 혁신특성, 경쟁전략 및 생태계에 관한 연구", 충남대학교.
이영덕 · 김정식(2003. 8), "바이오 클러스터의 발전동인 탐색", 『바이오 매거진』.
이원섭(2003). "국가균형발전을 위한 낙후지역 정책방향", 한국지방분권아카데미 주최, "지방분권과 국가균형발전을 위한 세미나 자료집".
일본BP사(NB Publications, Inc.), "일경바이오 연감 2003" 외, 2002년 11월 외.
최용호 · 변세일(2002), "지방중소기업 육성을 위한 지역혁신체제 구축방안", 『지방자치연구』 6, 경북대학교 지방자치연구소.
______(2002), "지역기술거점의 형성과 지역혁신네트워크 구축에 관한 연구", 『한국지역개발학회지』 제14권 제1호, 한국지역개발학회.
특허청 신기술 조사회(2003), "바이오 칩 신기술동향조사".
한국과학기술정보원(2003), "바이오 칩 산업 동향과 전망", 『해외과학 기술동향』.
M. Porter(2001), 『경쟁론』, 김경묵, 김연성(역), 세종연구원, 제2부.
Alan Barrell(2002), *Experience of Emerging Biotech Cluster Developments*.
Amgen Inc.(2003), Annual Report 종합.
Athreya, Suma S., Agglomeration and Growth(2000): *A Study of the Cambridge Hi-Tech Cluster*.
Audretsch, David B.(2001), "The Role of Small Firms in U.S. Biotechnology Clusters," *Small Business Economics*.
BIO(2000), "Networks of Innovation: Regions Collaborating to Compete in the Global Market," BIO 2000 Conference.
Camagni, R.P.(1991), *Innovation Network: Spatial Perspective*, Belhaven.

Carlsson, B., S. Jacobsson, M. Holmen &, A. Rickne(2002) "Innovation Systems: Analytical and Methodological Issues," *Research Policy* 31: 233~245.

Charles, David R. et. al., (2000), Assessment of The Regional Innovation and Technology Transfer Strategies and Infrastructures(RITTS), *Scheme,* The University of Newcastle and The University of Maastricht.

CHI and PriceWaterHouseCoopers(2001), *The Biotechnology Industry in South San Francisco—25 Years of Achievement*.

Cooke, P., Uranga, M. G., & Elxebamia, G.(1997) "Regional Innovation Systems: Institutional and Organizational Dimensions," *Research Policy* 26, pp.475~491.

________(1998), "Regional Systems of Innovation: An Evolutionary Perspective," *Environment Planning*, Vol.30, pp.1563~1584.

DRI(1999), *Biotechnology Clusters*.

DTI(Decision Resources Inc.), "Biotechnology Clusters," (August 1999), DTI.

Ernst & Young LLP(2003.7), *Resilience: Americas Biotechnology Report*.

Frenkel, A., & Shefer, D.(1996), "Modeling Regional Innovativeness and Innovation," *The Annals of Regional Science*, Vol.30, pp.31~54.

Gemunden, H. G.(1996), "Network Configuration and Innovation Success: An Empirical Analysis in German High-Tech Industries," *International Journal of Research in Marketing* 13, pp.449~462.

Gerhard Fuchs(2001), "Introduction: Biotechnology in Comparative Perspective Regional Concentration and Industry Dynamics," *Small Business Economics*.

Gordon. I. R., & McCam, P.(2000), " Industry Clusters: Complexes, Agglomeration and/or Social Network?" *Urban Studies*, Vol.37, No.3, pp. 513~531.

Harrison, B., Kelly, M. R., & Gant, J.,(1996), "Innovative Firm Behavior and Local Milieu," *Economic Geography*, Vol.72. pp.233~258.

Hassink, R.(1998), "Regional Innovation Policies: European Experiences and Concepts," *Science and Technology Policy*, STEPI.

Leon A.G. Oerlemans1(2001), *Firm clustering and innovation: Determinants and effects*.

Luc Anselin(1997), "Local Geographic Spillovers between University Research and High Technology Innovations," *Journal of Urban Economics,* 42.

________(1997), "The Dynamics of Industrial Clustering in Biotechnology," *Small Business Economics*.

Morgan, K.(1997), "The Learning Region: Institutions, Innovation and Regional

Renewal," *Regional Studies,* Vol.31.

Munroe, et al(2002), "A Critical Analysis of the Local Biotechnology Industry Cluster-Counties of Alameda, Contra Costa & Solano."

NATURE BIOTECHNOLOGY(2000), *Biotechnology in the bay*, Vol.18.

Networks of Innovation: "Regions Collaborating to Compete in the Global Market National Gathering of Biotech/Life Science Innovation Regions," BIO2000 Conference, March 27, 2000.

OECD(1997), *Biotechnology & Trade*.

______(1998), *Cluster and Cluster Policy*.

______(2001), *Innovative Clusters: Drivers of National Innovation Systems.*

Oerlemans1, Leon A.G.(2001), *Firm clustering and innovation: Determinants and effects*.

Palmintera, D. et al.(2000), "Developing High-Technology Communities: San Diego," Innovation Associates Inc.

Porter, Michael(2001), *Clusters and Competitiveness: Findings from the Cluster Mapping Project*.

Prevezer, Martha(2001), "Ingredients in the Early Development of the U.S. Biotechnology Industry," Small Business Economics.

Pyka Andreas and Paolo Saviotti(2001), *Innovation Networks in the Biotechnology-Based Sectors* .

Seline, Richard(2001), *The 21st Century Emerging BioEconomy: Innovation & Competitiveness*.

Zeller, Christian(2001), "Clustering Biotech: A Recipe for Success? Spatial Patterns of Growth of Biotechnology in Munich, Rhineland and Hamburg," *Small Business Economics*.

http://bric.postech.ac.kr/issue/biochip.html

http://cbit.snu.ac.kr/

http://www.capitalbiochip.com/

http://www.connect.org

http://www.microbiochip.com

http://www.ventureforth.org

〈부록 1〉 춘천시 바이오 산업 추진현황

2004. 11

((재) 춘천 바이오산업 진흥원발전계획에서 발췌요약)

1. 바이오 산업 인프라 구축

1) 기 구축사업

(1) 춘천바이오 산업지원센터 건축

① 시설명: 춘천바이오 산업지원센터 시설
② 위치: 춘천시 후평동 198-53번지(벤처촉진지구 및 하이테크 벤처 타운 내)
③ 규모: 연면적 3,101평(지하 1층, 지상 4층)
④ 기간: '98. 3 ~ '99. 12. 10
⑤ 사업비: 135억 원
⑥ 주요 시설
- 시설: 벤처 기업보육실(25실), 공동실험 · 분석실 (14실), 전시실(1실) 등

⑦ 시설 특징
- 전국 최초로 벤처기업 집적시설 지정(2000. 2. 26, 강원도)
- 벤처기업육성 촉진지구 지정(2000. 11. 9, 중소기업청)
- 연구개발 및 생산설비 시설 중심
- Pilot Plant 시설 및 고가의 실험분석장비

(2) 춘천 바이오 벤처 플라자 건축

① 위치: 춘천시 후평동 198-60번지(벤처육성촉진지구 내)
② 규모: 연면적 2,685평(지하 1층, 지상 4층)

③ 기간: 2001. 8 ~ 2003. 5

④ 사업비: 118억 원

⑤ 주요시설

- 벤처기업보육실, 공동생산실, 행정실, 창고 등

⑥ 시설 특징

- 창업보육센터(Post-BI) 지정(2001. 3. 12, 중소기업청)
- 전국 최초 아파트형 공장
- 수요자 중심의 설비 및 장비구축 지원
- 대량생산을 위한 공간 및 장비 설비

(3) (재) 춘천 바이오산업진흥원 출범

① 2003년 12월 "춘천바이오 산업지원센터"와 "춘천바이오 벤처플라자" 출연하여 (재)춘천바이오산업진흥원 출범

② 2003년 12월부터 전문경영인 체계로 전환화여 민간 운영

2) 진행사업

(1) 바이오 산업단지 조성 사업

① 위치: 춘천시 신북읍 율문리 334-1(구 101 국군 후송 병원)

② 사업규모: 10,770평

③ 사업기간: 2002년~2004년

④ 특 징: 바이오 업체 산업단지 조성, 시설구축

(2) 강원테크노파크(춘천분소) 사업추진

① 개요: 2003. 12월 산업자원부로부터 지정

- 바이오 (춘천), 의료기기(원주), 해양생물(강릉)

② 사업내용: 율문리 바이오 생산공장 건립(1,700평)

③ 주요 기능: 임대형 생산공장, 마케팅, 홍보사업 등
④ 사업기간: 2004년 ~ 2008년(6년간)
⑤ 사업비:
- 총 사업비: 607억(지방비 312억, 국비 249억, 기타 46억)
- 춘천분소 사업비: 167억(지방비 86억, 국비 75억, 기타 6억)

2. 우수생산시설 (GMP) 구축사업

1) 사업목적

① 의약품 및 기능성 건강식품 생산시 우수생산시설에서의 생산 법제화(약사법 및 건강기능식품법)
② 재단에 입주한 업체들의 제품생산을 위해 우수생산시설(GMP) 규격에 맞는 공동 생산 시설 구축 필요성
③ 재단의 자립화 구축을 위한 CMO 업 병행 추진

2) 사업내용

① 유전자 재조합 미생물을 이용한 생물학적 제제 등의 KGMP 및 EU-GMP 승인 위한 GMP 시설 구축
② 기능성 식품의 우수건강식품제조(FOOD-GMP) 승인을 위한 시설 구축
③ 바이오 칩 우수생산시설 구축(KGMP)

3) 사업기간

(1) **우수건강식품 제조시설**

① 제조시설: 바이오 산업지원센터 내 400평
② 공사일정: 2004년 7월~2004년 12월
③ 승인획득: 2005년 상반기

(2) **바이오 칩 제조시설**

① 제조시설: 바이오 벤처 플라자 내 1,2층 160평
② 공사일정: 2004년 7월~2004년 9월
③ 승인획득: 2005년 상반기

(3) **유전자 재조합 미생물을 이용한 생물학적 의약품 제조시설**

① 제조시설: 바이오 벤처 플라자 내 200평
② 공사일정: 2005~2006년
③ 승인획득: 2007년 상반기

3. (재)춘천 바이오산업진흥원 사업

1) 지역산업진흥사업

① 지역산업진흥사업 추진현황
- 사업기간: 2002년 6월~2007년 12월 (6년간)
- 사업비: 505억 원(국비 292억, 지방비 208억, 중기청 5억)
  - 2004년도: 52억(국비 48억, 지방비 4억)

• 사업량: 춘천바이오 벤처 플라자 장비구축 등 6개사

• 사업비 현황

(단위: 백만 원)

구분		총계	2002	2003	2004	2005	2006	2007
총계	계	50,500	8,700	7,600	5,200	4,700	6,000	12,300
	국비 (융자금)	17,200 (12,000)	3,000 (-)	4,800 (-)	4,800 (-)	4,000 (-)	300 (-)	300 (12,000)
	도비	8,300	500	1,400	0	150	3,000	3,250
	시비	12,500	4,700	1,400	400	500	2,700	2,750
바이오 벤처 플라자 건립		1,500	1,500	청정환경 5, 도비 5, 중기청 5				
생물센터 장비비		6,200	2,000	1,000	2,200	1,500	100	200
바이오 벤처 플라자 장비비		8,000	1,000	3,000	1,500	1,500	100	100
바이오 교육센터 장비비 바이오 교육센터 운영비		3,000 (1,000)	- (300)	800 (150)	1,100 (150)	1,000 (150)	100 (250)	0 (250)
연구개발 및 기술개발지원사업		(2,600)	(500)	(500)	(250)	(250)	(550)	(550)
바이오 전용단지조성(융자)		16,200 (12,000)	3,700 (0)	2,000 (0)	2,000 (0)	300 (0)	5,000 (0)	5,200 (12,000)

2) 장비구축사업

(1) 현황

① 기 구축장비 현황: 283종(106억 원)

- 바이오 산업 벤처지원센터: 225종(95억 원)
- 바이오 벤처 플라자: 28종(11억 원)

② 향후(2005년 이후) 구축 계획: 41종(40억 원)

3) 바이오 전문 생산인력 양성사업

(1) 바이오 전문 생산인력 양성사업

① 교육기간: 2002~2007년(5년간)

② 교육내용

- BT 전문 생산인력(단기 및 재교육) → 업체 위주
- 대학연계 예비화 산업화 인력 → 인력수급

③ 교육 특징: 재단의 공용장비를 위주로 교육 실시

(2) **업체 지원 장비운영교육**

① 교육기간: 2002~2007년(5년간)

② 교육내용: 업체에서 공용장부 중 특정장비에 대한 교육이 요구될 시 재단 지원교육 실시(장비사용료는 무료)

- 재단직원 교육: 무료
- 외부강사 지원교육: 유료(강사료)

4) 추진중 사업

(1) **지역산업 기술개발 사업**

① 주관기관: (재)춘천바이오산업진흥원

② 과제명: 현장검사를 위한 고재현성 바이오 칩 제조 및 소형 판독기 개발

③ 사업기간: 2005~2008년(4년)

④ 총 사업비: 44억 원(12억/년)

⑤ 추진방법: 산업자원부 지역산업기술개발사업비 신청중

(2) **천연물 의약 개발센터 구축사업**

① 주관기관: (재)춘천바이오산업진흥원

② 사업기간: 2005~2009년 (5년)

③ 총 사업비: 167억 원(33억/년)

④ 사업내용

- 천연물 의약 개발센터 건립

• 천연물 라이브러리 및 바이오 칩 기반 HTS 구축사업
• 외부 기업연구소 유치
• 추진방법: 지역혁신계정 신규사업비 신청

(3) 바이오 산업 네트워킹 사업

① 주관기관: (재)춘천바이오산업진흥원
② 사업기간: 2005～2008년(4년)
③ 총 사업비: 54억 원(13.5억/년)
④ 사업내용
  • 지역 바이오산업산학연관 연구개발 네트워킹 구축
  • 강원 바이오 인력 네트워킹 사업
⑤ 추진방법: 지역혁신계정 신규사업비 신청중

5) 주요 업적

(1) 입주업체 성과

① 코스닥 상장: 1개 업체(엔바이오 테크놀로지, 2000. 6)
② 해외 수출 계약: 6개 업체
  • 프로테오젠(주) 일본 히타치하이테크놀러지사와 제품에 판매계약(2003)
  • (주)에스티알바이오 텍: 일본 매니지먼트사를 통하여 수출 추진
  • 화인코(주): 대만, 홍콩, 말레이시아, 일본 등(상황, 실크화장품 등)
  • (주)제노바이오텍: 대만, 인도네시아와 대리점 계약(2003)
  • (주)아이엠바이오: 일본 대리점 판매 계약(연 1,500대 이상)
  • (주) IVY 내추럴푸드: 일본 수출계약(2만 병/연)(상황)
③ 벤처 기업 인증(중소기업청): 13개 업체
④ HACCP인증(식약청): 2개 업체
⑤ 과학기술부 국가지정연구소 지정(NRL): 1개 업체
⑥ 기업부설연구소 설립(한국산업기술진흥협회): 5개 업체

⑦ 병역특례기업 선정(병무청): 4개 업체

⑧ 기술경쟁력 우수기업 선정(중소기업청): 1개 업체

⑨ 수출유망중소기업 선정(강원중소기업수출지원센터): 3개 업체

⑩ 미국 FDA(식품의약국) 안전성 인증: 3개 업체

⑪ ISO 9001 인증(식품의약국) 안전성 인증: 3개 업체

- (주)다일생명공학: 다일바이오 테크(환경처리제)
- 화인코(주): 화인아가리쿠스(바이오 식품)
- (주)파마코제네칩스: 생리활성소제(PGC1)

⑫ INO-BIZ 선정: 1개 업체

⑬ 기능성 식품 성분인증: 1개 업체(국내 벤처기업 중 6번째)

⑭ 유럽품질보증 인증(CE mark): 1개 업체(국내 진단키트업체 최초)

※ 춘천 바이오산업진흥원: 대통령직 인수위원회 모범사례 선정(2003. 2.)

(2) 입주업체 총괄 현황

◈ 업체 수: 34개 업체(바이오 산업지원센터 26개, 바이오 벤처 플라자 8개)
- 기능성 식품(15), 바이오 진단(8), 생리활성소재/의약(8), 생물환경(3)
- 업체 수 증가: 10개 업체(1999) ▶ 34개 업체(2003)

◈ 특허보유수: 총 185건(등록: 69, 출원: 116)

◈ 생산제품 수: 총 337종(개발중: 228종)

◈ 2003년도 매출액: 381억 원(수출 13만 달러 포함)
- 춘천 지역 바이오 업체 매출액(1,148억 원)의 33% 차지

◈ 임직원 수: 314명
- 지역 출신 임직원 고용비율의 33%임.

6) 춘천 바이오 산업 VISION

◈ "바이오 SPRING 101" project 달성 (5개년 계획)

• 바이오 벤처 기업 현 34개 → 101개

• 바이오 분야 매출액 현 380억 원 → 1,800억 원

• 고급전문인력 고용창출 현 314명 → 1,200명

◈ 바이오 SPRING 101 세부추진 계획

• S(Silver and Green)

- 고령화 사회 대비한 실버, 청정 바이오 분야 중점 육성
- 노인성 질환(고혈압, 당뇨, 치매, 암)진단 및 치료제 분야 집중

• P(Progress)

- 창업 공간 확충(벤처지원센터 및 바이오 플라자 증축)
- 바이오 칩 생산시설 및 GMP 생산설비 확충

• R(R&D)

- 천연물 의약 개발센터 설립
- 지역특화 기술개발 사업
- 실버바이오 산업기술개발센터(한림대) 및 혈관연구센터(강원대)

• I(Incubation)

- 창업 보육 프로그램 및 센터 운영 사업
- 바이오 마케팅 종합지원센터 설립
- 바이오 비즈니스 파크 조성사업

• N(Networking)

- 바이오 네트워크 구축사업
- 바이오 관련 연구회 활성화

• G(Globalization)

- BT 국제교류 프로그램 운영
- 바이오 비즈니스 파크에 해외 연구소 유치

〈부록 2〉 충북 지역혁신 5개년 계획 바이오 전략산업의 세부 분야 육성전략

(바이오 신약, 인공장기, 기능성 식품)

(충북 지역혁신 5개년 계획에서 발췌요약)

1. 바이오 신약산업

1) 선정의의

① 신약 개발은 기술집약적이고 두뇌집약적인 첨단미래기술 중에서도 핵심기술 분야로서, 개발이 성공할 경우 연간 10~50억 달러의 매출 및 20~50%의 순이익 창출이 가능하며 향후 5년간 약 8% 이상의 고성장이 전망되는 고부가가치 산업임.

② 2000년 국내 의약산업 시장규모는 9조 496억 원으로 연평균 9.1%(1990~2000년) 의 성장률을 기록.

③ 선진국에 비해 낮은 R&D 투자에도 불구하고 국산 신약(선플라, 밀리칸, 큐록신, EGF) 개발 등의 가시적 성과가 나오고 있으며 투자가 가속화되고 있어 앞으로의 성과가 기대됨.

④ 신약 개발시장의 확대에 따라 신약 개발시 비용이 가장 많이 소요(총 비용의 30~40%)되는 임상시험분야에서 기술을 확보하면 세계 시장 선점에 유리.

⑤ 선진국도 아직 많이 발전하지 않은 분야(가상 신약 디자인)나 충북 특유의 분야(한방 신약 개발) 등의 기술개발이 세계 시장 선점에 유리.

2) 선정배경 및 기준

① 미래 바이오 사회를 이끌 대표적인 기술집약적 고부가가치 산업으로 세계 시

장 규모는 2003년 555억 달러, 2007년 819억 달러, 2012년 1,331억 달러로 전체 바이오 산업의 70% 이상을 차지하는 가운데 초고속 성장할 전망.

② 생물공학 · 정보 · 전자 등 융합기술 기반의 미래 유망산업으로 선점시 높은 기술 진입 장벽으로 인한 장기 경쟁력 확보 가능.

③ 바이오 의약의 소프트웨어와 BIT시스템, 전자의료기기의 하드웨어의 결합으로 시너지효과에 의한 경쟁력 확보와 충북 IT 분야 및 제조업 분야 경쟁력을 십분 활용하여 BT와의 융합에 의한 조기 기술격차 해소 가능.

④ 충북은 2001년 현재 화학 중 의약산업에 37개 업체가 입지해 있어 전국 407개의 9.1%를 차지하고 있어 바이오 신약산업 발전의 토대가 구축되어 있음.

⑤ 오창과학산업단지 내에 한국생명공학연구원의 바이오 신약/소재연구센터를 설립하기로 충청북도와 MOU를 체결하여 이를 통해 신약개발을 위한 인프라, 전문기술인력, 정보를 생명공학 관련 기업의 연구자와 공유하고 산 · 학 · 연의 협력연구의 중심적 역할을 수행함으로써 국내 바이오 산업의 국가 경쟁력을 높일 수 있음.

⑥ 중앙정부의 집중투자가 계획된 산업으로 보건복지부에서는 2013년까지 전세계 의약품시장의 5% 점유를 목적으로 바이오 신약 · 장기분야에 10년간 총 2조 4,722억 원의 연구개발비를 지원하기로 하였으며, 바이오 신약 6개 분야의 20과제를 추진하기로 함.

3) 국내 · 외 시장현황

(1) 국외 현황

① Human Genome Project의 완료 후 향후 유전체 연구(post-genomics)는 신약 표적 발굴로 가장 큰 수확을 얻게 될 것이며, 현재 500여 개에 불과한 신약 발굴 질환 표적은 3,000～4,000여 개로 급속히 증가할 것으로 예측되고 있음.

② 2000년의 의약시장은 약 3,670억 달러 규모이며, 향후 10년간 유전체 정보 및 프로테오믹스 기술의 활용으로 유용한 신약 표적 단백질들이 대량 발굴되면 새로운 시장창출의 효과가 있어 2011년에는 1조 달러 규모로 될 것으로 예측됨.

③ Human Genome Project의 완료 후 향후 유전체 연구(post-genomics)는 신약 표적

발굴로 가장 큰 수확을 얻게 될 것이며, 현재 500여 개에 불과한 신약 발굴 질환 표적은 3,000~4,000여 개로 급속히 증가할 것으로 예측되고 있음.

④ 2000년 세계 의약품 시장규모는 총 3,172억 달러로 전년도에 비해 10% 증가하였음. 세계 의약품시장의 절반 가량은 미국과 캐나다로 구성된 북미 지역(1,528억 달러, 56%)이 차지하고 있으며 유럽이 그 절반 정도 규모인 753억 달러를 차지하고 있음.

⑤ 최근 들어 일본 시장의 비중은 감소하고 있으며 성장률도 3%로 저조하게 나타남.

〈표 1〉 세계 바이오 의약산업 시장규모

(단위: 억 달러, %)

구분	2003	2007	2012	연평균 성장률
전체 바이오 산업	740	1123	1893	10.99
바이오 의약분야	444	650	1047	10.03

(2) 국내 현황

① 우리나라 신약 개발의 역사는 불과 10년으로 선진국 기업보다 그 역사는 매우 짧고, 선진국의 물질특허제도, 막대한 자본력과 기술력, 영업력으로 무장한 선진 다국적 기업의 국내 시장 잠식 등으로 매우 어려운 환경에 처해 있음.

② 국가 주도의 신약 개발사업은 과학기술부(프론티어 사업, 바이오 디스커버리/챌린저사업 등), 보건복지부(보건의료개발사업) 및 산업자원부(공통핵심/중기거점 개발사업) 등 3개 부처를 중심으로 국책과제에 연구개발 투자를 진행하고 있으나 산업체의 형식적인 참여와 실질적인 네트워크의 부재로 대부분 예산의 효율적인 사용이 이루어지지 못하고 종합적인 역량결성이 안 되어 성공가능성은 미진한 상태임.

③ 민간 주도 연구개발을 맡고 있는 제약기업은 상당히 영세하여 대다수 정부주도의 연구개발사업에 대한 의존도가 높으며, 그중 독자적인 개발투자를 하고 있는 기업으로는 종근당, 유한양행, 동아제약, LG, 대웅제약 등 소수에 불과하며 연구개발 투자예산은 선진국에 비해 아주 미비한 수준임.

④ 국가 경쟁력을 높이는 지식기반산업으로 신약개발에 주목하여 국가의 R&D 투자가 시작되면서 1999년 국내 신약의 1호인 '선플라주'의 탄생을 계기로

2003년 '팩티브(FACTIVE)'가 미국식품의약국(FDA)의 신약 승인을 획득하여 국내 제약사상 최초의 세계적인 신약으로 등록함으로써 10대 신약 개발 국가의 대열에 들어섬.

⑤ 제약기업의 의약품 생산실적을 살펴보면 품목 수는 증가를 거듭하여 2000년 현재 약 18,422품목에 이름. 생산금액도 대체로 증가 추세에 있었으나 2000년에는 현격히 감소하여 1999년 7조 5,000억 원으로부터 7조 1,000억 원으로 약 4,000억 원 감소되었음.

⑥ 2000년 한 해만을 기준할 때 수출은 약 7% 증가한 반면, 수입은 약 58% 증가하였음. 수입실적은 원료의약품의 경우 1999년까지는 감소 추세에 있었으나 2000년에 급격히 상승하였으며, 완제의약품의 경우 1999년에 큰 폭으로 증가한 후 계속 증가추세에 있음.

⑦ 제약산업이 국내 산업에서 차지하는 비중은 약 1.7%대를 유지해 왔는데 1997년을 기점으로 지속적으로 감소되다가 2000년에는 1.53%로 큰 폭의 감소를 보였음. 제조업 GDP대비 비중도 1997년 이래로 감소 추세에 있으며 2000년에는 4.85%로 나타났음.

4) SWOT 분석

〈표 2〉 바이오 신약산업의 SWOT

강점	기회요인
• 세계적인 기술과 인력 보유 • 보건산업분야 국가기관의 이전 • 핵심기반 기술력을 가진 국책바이오 연구소 이전 • 폭 넓은 원천 기반기술 확보 • 제약산업 집적지 기반 형성	• Post-genome/기술융합시대로 기술 영역확대 • 향후 국내 수요 충분 • 향후 거대한 시장예측 • 선진국도 도입단계 • 기술경쟁력 확보용이

약점	위협
• 절대규모의 재원부족 • 연구역량 결집 미흡 • 국가적 장기 계획미비 • 영세한 기업환경	• 타 지역과의 경쟁치열 • 선진국 정부 주도 개발 • 기술이전 회피

5) 추진전략

〈표 3〉 바이오 산업 추진전략

구분	내용
연구개발	• 산업체, 대학교, 연구소 및 특정센터지원을 중심으로 함 - 연구자간 네트워크 구성 • 지원형태: 국가 R&D사업으로 추진(정부 출연금 지원) • 지원형태: Matching Fund(민간기업이 참여하는 실용화 또는 제품화 과제인 경우 대기업 50%, 중소기업 25%)
기술개발 추진체계	• 연구수행지침 확정, 시달, 공모, 공고: 중앙정부, 지자체 • 공모과제 접수 및 신청서평가: 지역전략산업기획단 • 연구수행: 연구기관 - 산업체: 상용화 · 제품화 기술개발 - 학교 및 연구소: 기초 · 기반, 응용기술개발 - 병원: 임상시험 및 안전성 평가 기술개발
연구개발 방법	• 현재 산발적으로 진행되고 있는 단위기술의 연구에서, 단위 기술간의 연계를 통하여 실제 신약 개발연구에 활용될 수 있도록 유기적인 시스템 구축 • 신약 개발 모든 단계(유전자→임상)의 정보 표준화 및 통합 • 실험적 검증을 통한 시스템 완성도 극대화 • 생물정보학 및 신약 개발 기술들을 기반으로 기술체계구성 • 실용적인 시스템 구축을 위한 신약 개발현장 의견 반영 및 수용 • 세계적 경쟁력 확보를 위한 전략적 국제협력 추진
연구인력 양성	• BT연구, IT연구, 신약 개발연구의 기술분야를 흡수할 수 있는 다학제적 전문인력 양성

6) 추진체계

① 과학기술체계의 활성: 충북대학교를 비롯한 도내 8개 대학 관련 25개 학과, 약품자원개발연구소를 비롯한 대학부설연구소 및 기업부설 의약연구소, 충북대 창의 연구단 및 국가지정연구실 등.

② 산업 육성기반: 동국제약, 녹십자, 상아 등 기업체와 바이오 톡스텍, 바이오 안정성 센터 등 검증기관, 바이오산업화 지원센터와 국가영장류센터의 설립.

③ 산학연협력체제 확립: 바이오 산업건강센터를 포함한 지역협력연구센터 3개소, 바이오약학 산학연 협의회 등.

④ 네트워크 구축 및 국제협력체계 구성: 기술이전, 충북전략산업기획단과 충북대 BKIDC의 기술 및 수요의 DB구축, 해외연구소와의 기술교류.

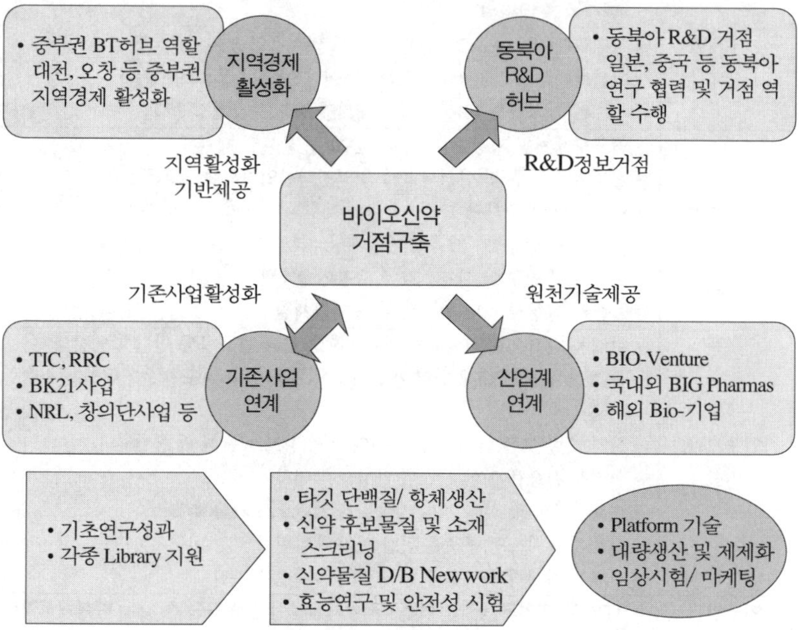

[그림 1] 바이오 신약산업 추진체제

7) 세부 육성방안

① 바이오 신약산업의 차세대 성장동력 산업화 거점 확보

- 유전정보와 첨단 바이오 기술을 접목을 통한 질환 표적유전자 발굴 및 관련 단백질의 기능 규명.
- 포스트 게놈 연구에 기반을 둔 바이오 신약 탐색 및 디자인 연구: 초고속 약효검색과 가상탐색기술에 기반을 둔 신약 선도물질 탐색.

• 바이오와 나노기술을 접목한 바이오 신약 설계 시스템 개발.
• 모델생물을 이용한 효능검증 시스템 구축.

② 바이오 신약 개발 사업실시
• 삶의 질과 관련된 난치성/퇴행성질환 치료제 개발(당뇨병과 혈관계질환 치료제, 성기능 개선제, 관절염 치료제, 뇌질환 치료제 등).
• 면역기능을 조절하는 신기능 난치성/면역성 질환 치료기술 및 치료제 개발(알러지 질환, 자가면역 질환, 난치성 감염성 질환 치료제, 차세대 백신, 치료용 항체, 면역거부반응 조절제 등).
• 전통의약 지식과 생물다양성을 첨단 생명공학기술과 접목시킨 천연물 의약, 바이오 기능성 소재 개발 연구.

③ 산 · 학 · 연 파급효과 창출을 위한 인프라 구축사업
• 천연물 은행 구축: 천연자원의 유전체 수준에서의 탐색기술의 확립 및 대규모 저분자물질 은행 구축.
• 초고속 효능검색 및 초고속 가상 탐색 시스템 구축.
• 바이오 스크리닝 시스템 구축: 난치성/퇴행성질환에 대한 in vitro 시험계 개발 및 in vivo 바이오 스크리닝 모델 개발, 산업계에 바이오 스크리닝 지원.

④ 단계별로 개발의 표적분자 발굴 등 산업기반 구축을 1단계로 하고, 2단계로 다양한 기술개발을 접합시켜 선도물질을 도출한 뒤, 3단계로 산업화로 상품을 제조함.

8) 기대효과

① 대전 · 청주권의 경우 대덕연구단지와 오송 · 오창과학단지를 잇는 첨단 산업벨트를 중심으로 바이오 클러스터를 형성해 가고 있음.

② 충북은 이미 생물의약/기능성 식품과 보건의료산업으로 특화되어 있고, 오송생명과학단지로 보건관련 4개의 국책기관과 오창산업과학단지로 한국생명공학연구원 오창 캠퍼스 조성으로 명실공히 신약 개발의 바이오 메카로 발전할 수 있는 기반을 확보.

③ 신약개발을 위한 인프라, 전문기술인력, 정보를 충북대를 비롯한 충북도 내 대학과 생명공학 관련 기업의 연구자와 공유하고 산 · 학 · 연 협력연구를 통해

충북의 바이오 산업의 경쟁력을 높임.

2. 바이오 장기 산업

1) 선정의의

① 포스트 게놈 시대에 분자의학, 맞춤의학, 재생의학 등 의학분야의 새로운 패러다임의 변화가 예상됨.
② 특히, 우리 몸을 구성하고 있는 각종 장기의 형성과정을 밝히는 organomics의 연구를 통하여 장기생성기전이 정확히 밝혀져야만 보다 구체적인 난치질환의 발병기전 및 생명현상의 이해가 가능함.
③ 향후 재생의학은 현 의료기술의 한계를 극복할 수 있는 혁신적인 의료기술이 될 것임.
④ 따라서 이 분야의 국제적 우위를 선점하기 위해서는 재생의학에 핵심이 되는 동물발생, 줄기세포, 바이오 장기 등 연구에 집중적 투자가 시급하며, 개별적 연구가 아니라 집단체제의 통합적 연구가 이루어져야만 국제경쟁이 가능함.

2) 선정배경 및 기준

① 인간수명의 연장으로 인한 만성질환 및 재해로 인해 장기이식대상 환자는 증가하고 있는 데 비해 그 공급은 한정되어 수급 불균형은 점차 심화.
② 2002년 8월 현재 국내 장기이식 대기자는 9,996명 중 뇌사 장기 기증 예는 24건에 불과, 실제 장기이식 해당자는 대기자의 약 150배로 추산.
③ 바이오 인공장기 시장규모는 2012년경에 국내에는 40조 원, 세계적으로 2,000억 달러에 이르는 거대한 시장을 형성할 것으로 전망.
④ 바이오 인공장기 기술은 선진국에서도 태동기에 해당하는 기술이므로 국내에서 집중화 및 특화된 국가 주도형 중점센터화 지원이 확보되면 세계적 경쟁

력을 선점할 수 있는 전략분야로 대두.

⑤ 충북 연구진의 줄기세포 관련 기술, 형질전환 복제돼지 생산업적, 장기이식의 풍부한 임상경험 등이 이미 확보되어 목표달성의 잠재력이 큰 분야임.

3) 국내외 기술개발 동향 및 기술수준

① 줄기세포 활용기술

- 국내: 줄기세포의 시험관분리 및 분화 특성에 대한 기초연구가 진행중이고, 질환모델에 대한 적용 및 기능항진에 대한 연구개발은 미비상태.
- 선진국: 줄기세포의 이식치료 모델 연구가 발전단계에 있고, 줄기세포의 대량증식 및 기능조작 등 핵심기술의 기술개발 경쟁이 본격적으로 진행중.

② 생체조직 공학기술

- 국내: 모든 장기에 대하여 산 · 학 · 연 · 병원 등에서 연구중이며 연골 및 피부가 KFDA의 승인을 받아 판매중이나 아직 학계간 유기적인 연구는 미흡.
- 선진국: 조직공학 및 Biotech회사와 대학을 중심으로 치아, 신경재생을 비롯한 거의 모든 장기 개발들의 연구가 진행중.

③ 이종장기 생산기술

- 국내: 이종장기 제공용 동물생산에 관한 국내 연구(충북포함)는 수년 전부터 활발하게 진행되고 인프라의 구축 초기단계.
- 선진국: 이미 이종장기 제공용 동물생산에 관한 기초연구가 수행되어 기반확립을 위한 집중 지원이 이루어지고 있음.

④ 면역조절기술

- 국내: 동종이식 면역조절기술은 이미 선진국 수준에 근접하고 있으나, 이를 기반으로 이종이식 거부반응 조절기술의 개발이 요구.
- 선진국: 초급성 거부반응의 조절기술은 거의 완성단계이고 급성 거부반응 조절기술은 시범단계이며, 세포매개성 거부반응조절 기술 및 면역관용유도 기술 등이 개발중.

⑤ 장기이식기술

- 국내: 동종 이식수술은 세계적 수준이나 이종 이식기술은 동물실험 시작단계.
- 선진국: 유전자 적중 동물을 이용한 이종 장기이식 동물실험이 시작단계.

〈표 4〉 바이오 인공장기 개발 및 이식 관련 기술수준

기술분야	연구예산	시설 및 장비	연구인력	기술수준
줄기세포활용기술	30%	50%	40%	66.7%
생체조직공학기술	40%	40%	40%	66.7%
이종장기생산기술	10%	50%	40%	66.7%
면역조절기술	10%	20%	20%	41.7%
장기이식기술	10%	60%	50%	75%

4) 국내외 시장동향 및 전망

① 2002년 기준으로 바이오 인공장기 세계 시장은 약 6억 1,000만 달러 규모에 달하는 것으로 추산되며 주로 조직 공학적 제품이 주를 이루고 있음.

- 국내에서는 20여 개의 벤처, 제약회사가 인공피부, 뼈, 연골에 대해 개발이 완료되어 생산 · 판매가 소규모로 이루어지고 있거나 계획중인 상태로 시장 형성 초기 단계.
- 외국에서도 인공피부, 연골, 뼈 등 관련 제품을 중심으로 시장이 이미 형성되어 있으며, 다른 조직에 대해서도 대부분 전 임상 및 임상시험단계에 이를 정도로 활발한 연구가 진행중.

② 2010년에는 형질전환 장기 시장이 약 60억 달러에 이를 것으로 예측

〈표 5〉 인공장기 및 바이오 인공장기 세계 시장 전망

Material	2002(M$)	2005(M$)	CAGR('00 ~ '05)
생체재료를 이용한 인공장기	30,000	50,000	166%
바이오 인공 장기	610	840	137%
세포 및 조직의 인공배양기술	100	300	300%
생체재료의 안전성 · 유효성 평가기술	1,000	10,000	1,000%

*CAGR: Cumulative Average Growth Rate

〈표 6〉 인공장기 및 바이오 인공장기 세계 시장 전망(10년 후)

구분	2002	2012
인공장기 및 생체적합성재료개발 [1]	30,000 M$	100,000 M$
바이오 인공장기 [2]	610 M$	200,000 M$
세포 및 조직의 인공배양기술 [3]	100 M$	10,000 M$
생체재료의 안전성 · 유효성 평가기술 [4]	1,000 M$	10,000 M$

※자료: 1) 의료공학기술 로드맵 2002. 6. 산업자원부, 2) Tissue Engineering, 7, 489 (2001), 3) & 4) NTRM 위원회 회의 결과 추산치

5) SWOT 분석

〈표 7〉 바이오 장기산업의 SWOT분석

강점	기회요인
• 지역의 세계적인 핵심기술 보유 • 보건산업분야 국가기관의 이전 • 핵심기반 기술력을 가진 국책바이오 연구소 이전 • 폭넓은 임상실험 기반기술 확보	• Post-genome/기술융합시대로 기술영역확대 • 향후 거대한 시장예측 • 선진국도 도입단계 • 기술경쟁력 확보용이
약점	**위협**
• 절대규모의 재원부족 • 산업화 인프라 부족 • 협소한 국내 시장 규모 • 기술경쟁력 열위	• 빠른 속도의 기술발전 • 타도의 선두 연구진 • 국경을 초월한 제휴 협력 확대 • 기술이전 회피

6) 추진전략

〈표 8〉 추진전략

구분	내용
연구개발 형태	• 지원형태: 우선 국가 R&D사업으로 추진(정부출연금 지원) 기존 바이오 보건기술개발사업(2001~2010년)과 생체조직재생기술개발사업을 연계하여 추진. 현재 부처별 진행이나 계획중인 차세대성장동력사업과도 연계하여 추진 • 지원조건: Matching Fund(민간기업이 참여하는 실용화 또는 제품화 과제인 경우 대기업 50%, 중소기업 25%)
기술개발 추진체계	• 추진체계: 중앙부처에서 사업시행계획을 수립하고 지자체와지역전략산업기획단을 통해 사업시행 및 관리 • 사업모형: 특정연구기관을 지원하되 각 기술분야별로 연구컨소시움을 조직하고 지자체는 각 연구기관의 상호연계와 조율을 통해 장기를 개발한 후 임상시험을 수행
연구개발 방법 및 전략	• 핵심기술 선점을 위한 다면 · 입체적 전략 수립과 집중투자 • 임상적용제품생산을 위해 필수적인 관련기술의 융합화 • 시장경쟁력 강화를 위한 수요자 중심의 상품개발 시스템 마련 • 임상적용 및 실용화를 위한 기반제도 구축 • 모방전략을 토대로 경쟁력 조기 확보를 위한 국제협력 공동연구 • 인허가과정의 선진화를 위한 관련제도 및 인력 교육 • 다학제간 연구를 위한 네트워크 구성 분자생물학-약학-생물공학-인허가-기초의학-임상의학 등을 망라하는 네트워크를 구성

7) 추진체계

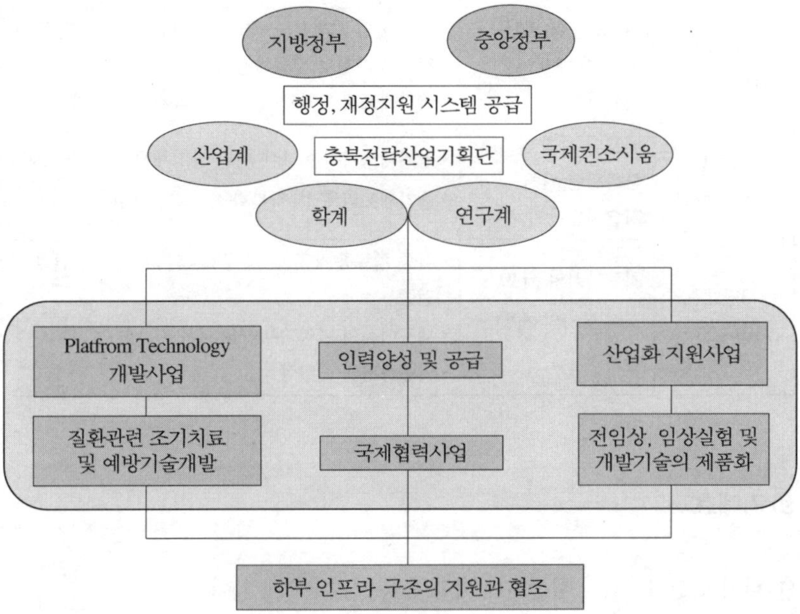

[그림 2] 바이오 장기산업의 추진체계

8) 세부 육성방안

① 이 분야 연구는 국제적으로도 아직 태동기에 있으므로, 제1단계에서 개발하고자 하는 배아줄기세포, 체세포복제 등을 포함하는 요소기술의 확립.

② 제2단계에서의 표식인자 및 분화인자 발굴은 HTS를 통한 대량발굴의 기반체제가 우선 확립되어야 하며, 조직 공학 및 형질전환 등 원천기술의 개발도 병행하여 상승효과를 기대.

③ 제3단계에서 추구하고자 하는 조직재생, 분화유도/억제 등 원천기술개발이 발생분화 연구의 가장 핵심으로서 향후 재생의학의 실현 여부를 결정.

〈표 9〉 단계별 세부 육성방안내용

단계	연구목표	연구내용
1단계 (2004~2006)	기초연구를 바탕으로 한 재생이론 확립단계	• 초기배 발생의 분자 · 세포생물학적 조절기전 규명 • 각종 장기형성 발달과정의 이해 • 줄기세포의 자가재생산 및 분화기전의 규명
2단계 (2007~2009)	세포의 재생 및 분화관련 원천 기술개발단계	• 장기재생기전 이해에 의한 장기재생 원천기술 개발 • 줄기세포의 분화/역분화 유도기술개발
3단계 (2010~2012)	치료목적의 세포/조직/장기의 개발 단계	• 각종 치료용 세포 및 재생조직의 개발 및 안전성 검증 • 세포이식의 면역거부반응 극복 • 이종장기의 전임상

9) 기대효과

① 바이오 장기산업의 활성화에 따라 충북 지방경제에 기여
- 장기이식 분야 → 연간 30억 달러 시장 예측.
- 체세포 복제기술 → 육종개량을 통한 재래가축(칡소 등) 및 양돈산업의 생산성 제고.
- 각종 치료용 특정 세포/인공조직/이종장기 생산 → 벤처 등 신산업군 창출 가능.

② 재생의학 산업 발전에 따른 지역 우수인력의 활용 등
- 임상병원과의 연대로 재생의료시술의 국제적 선도.

③ 다학제적 융합기술개발에 의한 관련분야 학문의 질적 도약

④ 2,000억 달러에 이르는 거대 바이오 인공장기 시장에 대한 일부 점유

⑤ 약 50조 원으로 추산되는 만성질환자의 의료비용 및 사회비용 경감

3. 기능성 식품산업

1) 선정의의

① 우리나라의 기능성 식품의 현황은 제조업체 수가 15만이고, 시장규모는 31조 원 규모이며, 전체 산업 GDP의 7.5%를 차지하고 전체 제조업 중 생산액 6위, 부가가치 5위를 지님.
② 기능성 식품의 세계 시장규모는 2000년 1,380억 달러이고 2005년에는 10배 이상 규모로 증가가 예상되며, 국내 시장규모도 3조 4000억 원으로 매년 10%씩 증가중임.
③ 2000년 전세계적으로 처방된 OTC(비처방 일반의약품)는 약 825억 달러 규모이며 이 중 1/3 이상이 기능성 식품이 차지하고 있음.
④ 국내 식품생명공학 기술은 부분적으로 세계 일류의 기술을 보유한 분야도 있으므로 이러한 강점을 살려 육성한다면 해당 분야의 세계 시장에서 독보적인 위치를 계속 유지할 수 있을 것임.
⑤ 또한, 소비자의 건강 지향적 제품 구매경향에 부응하여 지속적인 성장이 예상되고 국제 경쟁력이 취약한 분야로 세계 경쟁에 도전해 볼 만함.
⑥ 생명공학 기술의 가장 신속한 응용 가능성 산업분야이며 식품, 의약품, 화장품의 fusion market에서 가장 주축이 되고 식품의 영양기능과 의약품의 약리기능을 접목한 신산업군.

2) 선정배경 및 기준

① 전통식품을 포함한 건강식품(Health Food)은 약품과 식품의 중간체로 평가할 수 있으며, 건강식품은 생명과학 등을 응용하여 건강증진 및 질병예방 효과를 높인 식품으로 정의할 수 있음.
② 충북의 바이오 식품 관련 업체가 419개사로서 전체 제조업의 약 44.9%를 차지하여 약 과반수에 해당.
③ 음성과 진천을 중심으로 클러스터가 형성되어 있고, 제천과 영동, 청주공단에

도 집중 분포되어 있음.

④ 특히 국내 최대의 특정환자용 기능성 식품 생산연구 업체인 정식품 본사가 청주에 소재하고, 남양알로에(진천), 풀무원테크(증평), 렉스진바이오텍(오창) 등 대표적 국내 기능성 식품업체가 충북에 소재.

⑤ 또한 2003년 "건강기능식품법"의 시행으로 효능이 검증된 식품에 한하여 건강기능식품으로 판매가 가능한데, 충북 내에 in vivo(생체 안에서의) 효능검사 및 안정성 검사를 GLP검사기관인 바이오 톡스텍과 충북보건환경연구원의 식품분석과에서 수행.

⑥ 풍부한 인적 자원을 보유하고 있는데, BT 관련 총 71개 학과에서 460명의 교수가 재직하고 있고, 총 3,560명의 신입생을 뽑고 있음. 그중 식품 관련 대학은 10개 기관으로 50여 명의 교수와 약 500명의 학생이 분포되어 있음.

⑦ 오송생명과학단지로 2006년 보건관련 국가기관 이전으로 식품관련 보건산업의 중심지로 자리잡을 것임(식품의약품안전청, 보건산업진흥원, 질병관리본부, 독성연구소).

⑧ 한약재 이용 기능성 신상품 출시 증가 추세로 제천의 한약 특성화 단지와 연계하여 새로운 천연 기능성 소재의 연구개발 및 상품화.

3) 국내외 시장동향 및 전망

(1) 국외 현황

① 고령화 사회, 지식정보사회, 경쟁사회로 특징지을 수 있는 21세기에 질환예방 및 회복과 건강유지 및 향상을 목적으로 하는 기능성 식품의 수요는 의약품을 상회할 것으로 예측되고 있음.

② 일본은 기능성 식품을 21세기의 식품산업계를 주도할 품목으로, 미국의 경우도 기능성 식품이 새로운 산업으로 위치를 확보하게 될 것으로 예측되고 있음.

③ 일본의 경우 건강식품 전체 시장규모는 47억 달러 규모이며 허가된 특정 보건용 식품은 1999년 현재 167개 품목에 달하며, 1999년 현재 미국 시장에서만 275억 달러를 점할 정도로 대규모 시장을 형성하고 있는데 이것은 1995년 91억 달러에서 4년간 300% 급신장한 결과임.

④ 미국의 경우 제도적 지원에 따라 상업화된 기능성 식품 소재 시장만 1994년 78개 소재의 50억 달러에서 1999년 900개 소재 150억 달러 규모로 급신장하였음.

〈표 10〉 세계적 기능성 식품의 연도별 시장현황

연도	1997	1998	1999	2000(추정)
시장 규모(억 달러)	650	1,090	1,280	1,380

자료: Nutrition Business Journal, 2000

⑤ 미국은 자연유기식품, 기능성 식품, 식이보조제, 천연제품을 포함해 99년 총 445억 달러의 소비자 판매고를 기록. 2000년 NBJ 보고에 따르면 식이보조제를 포함한 전세계 기능성 식품시장의 규모인 947.5억 달러의 73%를 차지하고 있다. 식이보조제, 자연유기식품, 천연식품 및 기능성 식품은 98, 99, 2년간 1,099억 달러에서 1,280억 달러로 성장.

⑥ 전세계적으로 기능성 식품은 1,380억 달러의 시장을 형성하고 있는 대형 산업군에 속하고 있을 뿐만 아니라 연평균 8~11%의 시장 증가율을 나타내고 있음. 각국별로는 미국이 445억 달러, 유럽이 422억 달러, 일본이 232억 달러, 캐나다가 37억 달러로 미국, 유럽, 일본이 약 85% 정도를 차지하고 있음.

(2) 국내 현황

① 현재 국내 기능성 식품의 시장규모는 IMF 이후 빠른 성장세를 보여, 약 1조 2,000억 원으로 추정되며 10% 이상의 지속적인 상승세를 보일 것으로 전망되고 있음. 제품 측면에서는 키토산, 칼슘, 알로에 등을 이용한 건강보조식품류가 전체 매출의 절반 가량을 차지하고 있음.

② 우리나라의 경우 기능성 식품소재를 이용하는 건강보조식품 매출액은 최근 10년 사이에 200배 이상 비약적으로 신장하였고 1999년의 매출액은 약 1조 원에 달함.

<표 11> 국내 건강보조식품 시장현황

(단위: 억 원)

연도	1995	1996	1997	1998	1999	2000	2001
매출 규모	9,700	11,200	9,800	6,200	8,700	10,500	12,000
증감율(%)		15.5	-12.5	-36.7	40.3	20.7	14.3

자료: 한국건강보조·특수영양식품 협회

③ 국내 건강보조 시장규모는 지난 2000년 1인당 27달러로 일본(153달러), 미국(97달러)에 비해 매우 작아 앞으로 성장 여지가 큼.

④ 국내의 경우, 최근 바이오 벤처 기업을 중심으로 약리적, 과학적 근거에 의한 제품 개발로 기술적 진보가 이루어지고 있고, 위탁생산의 전면적인 허용으로 OEM 업체들의 제품제조 시설 가동률이 크게 증가함에 따라 관련 시장은 더욱 활기를 보이고 있어 그 시장전망은 밝은 편임.

⑤ 2002년 4월 18일 "건강식품에관한법률안"이 국회에서 발의되어 건강기능식품의 개발·생산 및 이들의 안전성과 유용성을 평가하고 유통질서를 관리할 수 있는 제도적 장치가 마련되었음.

⑥ 현재 우리나라의 건강보조식품은 25개 품목에 대하여 식품공전에서 기준 및 규격을 정하고 있음

4) SWOT 분석

<표 12> 기능성 식품 산업의 SWOT분석

강점	기회요인
• 풍부한 식품 관련 산업체 보유 • 다양한 인적 자원 보유 • 식품행정의 중심지로 변모 • 원천 기반기술 확보 • 향후 국내 수요 충분	• 21세기 3대 산업 • 향후 거대한 시장예측 • 선진국도 도입단계 • 기술경쟁력 홍보용이 • 건강과 영양에 대한 관심고조
약점	**위협**
• 연구개발 지원 부족 • 국가적 장기 계획미비 • 영세한 기업환경	• 국내 시장 미성숙 • 선진국 정부 주도 개발 • 기술이전 회피

5) 추진전략

〈표 13〉 추진전략

구분	내용
연구개발 형태	• 지원형태: 국가 R&D사업으로 추진(정부출연금 지원) 탐색기술, 소재화 기술, 제품화 기술로 분류하여 집중투자 • 지원조건: Matching Fund(민간기업이 참여하는 실용화 또는 제품화 과제인 경우 대기업 50%, 중소기업 25%)
기술개발 추진체계	• 추진체계: 중앙부처에서 사업시행계획을 수립하고 지자체와 지역전략산업 기획단을 통해 사업시행 및 관리 • 사업모형: 각 기술분야별로 연구 컨소시엄을 조직하고 지자체는 각 연구단 간의 상호연계와 조율을 통해 식품소재를 개발한 후 임상시험을 수행토록 함
연구개발 방법 및 전략	• 식품영양학, 생물공학, 약학, 의학 등의 학제적 인력양성 및 연구 • 충북 자생식용식물자원의 확보를 위한 기반기술 및 산업육성 • 임상적용제품생산을 위해 필수적인 관련기술의 융합화 • 식의약품성 기능성 식품소재와 의약품성 기능성 식품소재를 중점적으로 개발 • 경쟁력을 갖춘 활성 탐색기술 및 유효성/안정성 평가기술의 고급화 • 시장경쟁력 강화를 위한 수요자 중심의 상품개발 시스템 마련 • 해외시장 점유율을 높일 수 있는 소재의 선택과 집중 • 인허가과정의 선진화를 위한 관련제도 및 인력 교육 • 해외 우수 연구개발기관, 유망 벤처 기업과의 공동연구기반 구축

6) 추진체계

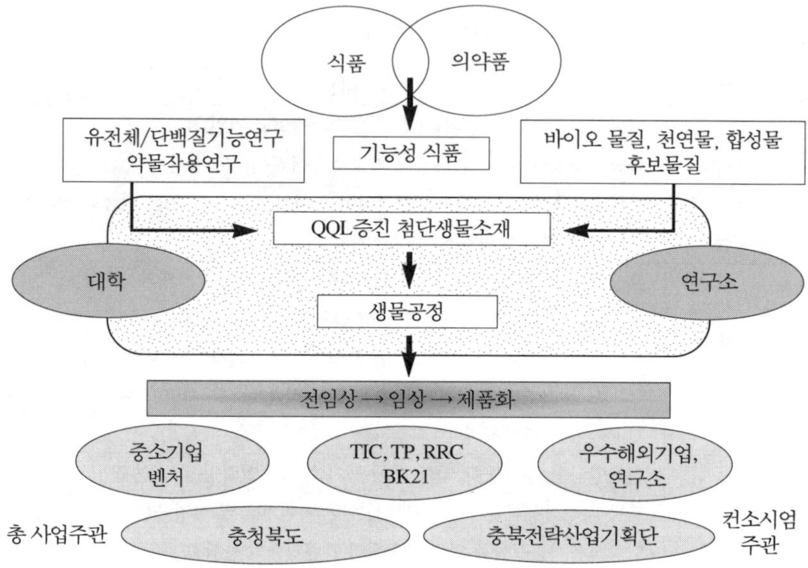

[그림 3] 기능성 식품산업 추진체계

7) 세부육성방안

① 국내 · 외 우수 연구개발기관 및 벤처 기업과의 네트워크를 구축하는 동시에 국제적 수준의 학술 연구수행 및 국제협력 연구 시스템 구축.

② 국내 · 외 시장 점유율을 높일 수 있는 소재의 선택과 집중을 하고 경쟁력을 갖춘 활성 탐색기술 및 유효성/안정성 평가기술의 고급화.

③ 생명공학의 첨단기반기술과 interface core technology개발 및 상품화.

④ 국제적 수준의 학술 연구수행 및 국제협력 연구 시스템과 기능성 식품 및 생리활성 소재의 수출 주도형 산업 시스템 구축.

⑤ 첨단 platform technology와 전문인력의 과감한 영입으로 외국 소재의 단순조합이나 모방기술이 아닌 창조적 상품화 기술개발.

⑥ 국내 · 외 시장 점유율을 높일 수 있는 소재의 선택과 집중적으로 고기능성 생리활성 소재의 생산기술을 확보한 벤처 기업의 발굴 및 유인.

〈부록 3〉 대전 지역 스타 기업 만들기 계획

(대전 지역 스타 기업 만들기 계획에서 발췌 요약)

1. 스타 기업 육성 지원사업

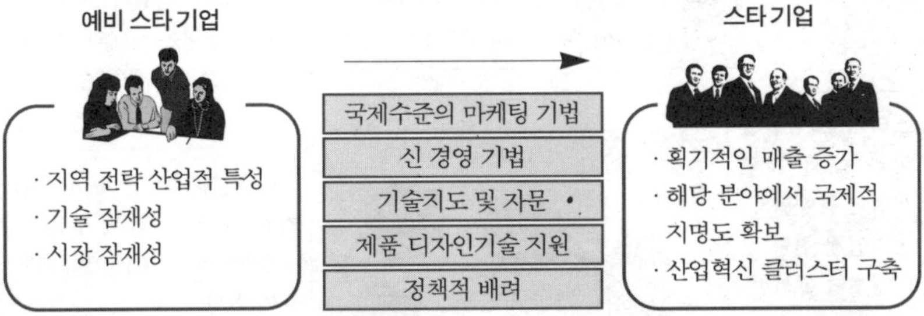

1) 최종사업 목표 및 내용

주요 사업	사업목표	사업내용	실적목표 (정량화)
육성 프로그램 개발 및 예비 스타 기업 발굴, 선정	스타 기업 육성을 위한 체계적인 프로그램 개발 및 우수 예비 스타기업 발굴 및 선정	• 스타 벤처 기업 육성을 위한 지원 프로그램(상용 제품기술개발, 기술지도 및 기술 컨설팅, 마케팅 및 해외시장 진출 지원, 법률 및 경영지원 등)의 개발 및 실행	• 연 매출 300 억 규모의 가시적인 성과 달성
기술개발 지원	기술 분석 및 상용화 촉진	• KAIST, ETRI 등 대덕연구단지의 우수 기술 지원 인프라를 통해 지속적인 현장 중심의 기술지도 • 디자인 지원 및 상용화 촉진	• 기술 분석 • 디자인 등 상용화 촉진을 위한 개발
마케팅 지원	경영혁신 판로 네트워크 구축 클러스터 구축 및 활성화	• 성장단계별 경영혁신 지원 프로그램 운영, 타깃 마케팅을 통한 관련 분야 국내외 우수 마케팅 네트워크 구축을 통한 판로 개척 및 투자 유치 등 사업역량 강화 • 지역 및 해당 분야의 선도적 클러스터 구축을 통한 시너지 효과 창출	• 단계별 지원 프로그램개발 • 국내외 우수 판로 개척 • 기업 중심의 자생적 클러스터 운영

2) 사업추진전략 및 방법

■ KAIST는 지역 인프라의 결속을 통한 집중적 역량 발휘 및 가시적인 성과 달성

① 스타 기업 육성 및 이를 통한 전략산업의 성공모델 제시

② 대덕밸리를 중심으로 한 대전 지역의 산업생산체제, 과학기술체제, 지원체제 간의 네트워크 및 클러스터 강화

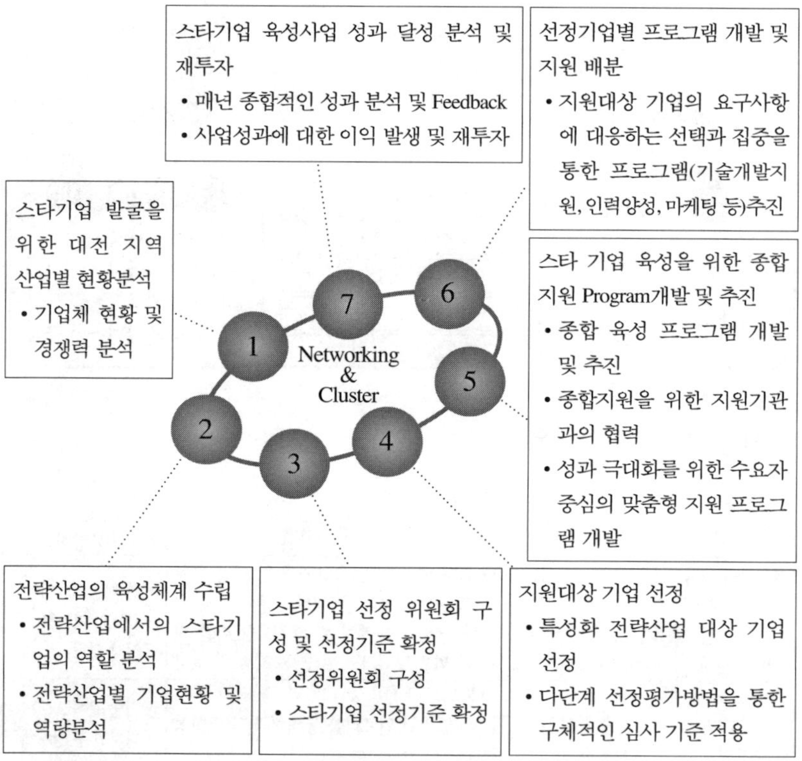

(1) 연차별 중점 추진 사업내용

구분	연차별 중점목표	주요 사업내용	사업비 (천 원)
1차 년도	전략산업 육성전략 및 스타 벤처 육성 프로그램의 개발 및 실행 예비 스타기업발굴	• 스타 기업 육성 프로그램 개발 -선정/운영위원회 구성 및 프로그램 개발 • 스타 첨단 벤처 기업 선발 및 육성 추진 - 기술 및 시장조사에 따른 현장 기술개발 지원 및 마케팅 지원 - 국내외 마케팅 네트워크 구축 - 클러스터 구축(초기화) - 경영혁신 프로그램 개발 및 운영	285,000
2차 년도	세계 시장에서의 선도적 지위 확보 를 위한 해외 네트워크 강화	• 성능 구현 및 제품 상용화 테스트 등 기술개발 • 국내 · 외 우수 전시회 및 마케팅 프로그램 참여를 통한 시장 진출 본격화 - 해외 네트워크 강화 • 2차 예비 스타 기업 선발 및 육성	285,000
3차 년도	첨단 분야 스타 기업 창출	• 2차 예비 스타 기업 선발 및 육성 • 전략산업 육성 및 스타 벤처 지원 프로그램 성과 평가 및 개선 • 전략산업에서의 선도기업 창출 • 기업 육성의 성공적인 모델 제시	285,000

※ 선발된 첨단분야 예비 스타 기업은 3년간 집중적으로 지원하는 것을 원칙으로 하되, 매년 성과 평가를 통해 조기 종료하게 될 경우 추가 기업 선정 가능

(2) **추진방안**

대상기업선정	종합진단	실천계획 수립(PLAN)	맞춤연계지원(DO)
• 예비 스타 기업	• 기술수준/생산능력 • 경영상황/전략 등 • 문제점 파악	• 추진목표, 방법, 기간, 과제별 추진 계획을 업체와 공동으로 수립	• 자금 · 컨설팅 · 연수 국제화 · 정보제공, 신제품개발 등 • 타 기관 네트워킹

사후관리(SEE)
• 목표점검 • 후속지원 • 성과관리

■ 스타 벤처 기업 선발: 년 1개 기업(조기 종료시 추가 선발)

① 예비 스타 벤처 기업 선정기준 확정: 전문가 Pool 활용
- 전략산업에서의 역할 정합성
- 기업 제품의 시장성: 공공수요, 민간수요, 해외수요
- 제품의 핵심성: 전략산업에서의 중요도 및 응용 파급효과성
- 기업 및 제품 경쟁 우위도
- 기업의 전략산업 내 리더십 및 기여방식의 구체성 등

② 예비 스타 벤처 기업 선발
- 다단계 심사를 통해 선발:
  서면심사 → 1차 위원회 심사 →기업 현장 방문 평가 →국내 외 기술 및 시장 분석 →2차 위원회 심사 →최종 판정
- 지원 시점 후 3년 이내에 국내 및 세계 시장에서 주도적 시장 지위를 확보할 역량을 갖춘 기업 선발(후보 기업군 포함)

■ 스타 기업 육성을 위한 맞춤형 종합 지원 패키지 개발: 참여기관과 스타 기업 간의 상호 협력을 통해 최상의 결과를 도출할 수 있는 지원 프로그램 개발

(지원 프로그램 모두 적용할 수도 있고, 스타 기업이 필요로 하는 1개 지원 프로그

램에 대해 집중 지원할 수도 있음; 성과 극대화를 위한 수요자 중심의 지원 프로그램 개발 및 실행)

① 목표 고객의 성능목표 및 기술적 요구사항 충족을 위한 기술개발 지원
- 제품화를 위한 연구개발비
- 목표 고객의 기술적 요구사항과 관련된 성능구현을 위한 추가기술 개발비
- 입찰참여를 위한 시제품 개발비
- 해외 인증 획득을 위한 추가 기술개발비 등

② 기업의 성장 애로요인에 대한 맞춤형 종합 지원 제공
- 기술지도 및 기술 컨설팅 지원 프로그램
  - 기술적 애로요인 분석 및 기술 지원
  - 제품/기술경쟁력 제고를 위한 기술 컨설팅
  - 기술개발을 위한 장비/기술정보 지원
- 시험기술 및 인증 지원
  - 시험기술 및 인증업무 지원
  - 해외 인증 획득을 위한 제 비용 지원
- 국내외 투자유치 및 마케팅 채널 컨설팅 지원
  - 기업 IR 및 제품 설명서 작성 컨설팅
  - 영문 및 외국어 설명서 작성 지원
  - 국내외 마케팅 채널 컨설팅 비용 지원
  - 국내외 전시회 및 사업 상담회 개최 지원
  - 해외 투자유치 설명회 참가
- 국내외 시장조사/진입전략 컨설팅
  - 국내외 시장 제품 시장조사 및 경쟁분석
  - 해외 시장 진입전략 컨설팅 지원
- 지재권 획득 및 관리 비용 지원
  - 국내/국제 특허출원 및 등록 지원
  - 지재권/라이선싱 전략 컨설팅
  - 특허 사업화 전략 컨설팅
  - 지재권 가치평가
- 법률/회계/경영 컨설팅

- 해외 합작사 설립 관련 법률 컨설팅 비용 등
- 기업 및 제품 홍보
  - 최고 수준의 역량을 갖춘 파트너 발굴 및 지원

※ 최적의 아웃소싱 및 협력기업들과의 협력을 위해 해당 지원 분야별 최상의 파트너 선발

(3) 타 사업과의 연계방안

① KAIST 및 ETRI 등 유관기관과의 협력을 통해 선정 기업 산업분야에 대한 폭넓은 연계 및 집중화
② 주관기관인 대전광역시 첨단산업진흥재단의 대덕밸리 기술혁신 클러스터 구축사업과도 밀접하게 연계하여 상호 보완을 통해 성공성 제고
③ 국내외 우수 기술전시회 및 네트워킹 그룹 참여를 통해 최고의 파트너 네트워크 구축
④ 성장단계별에 따른 자금 확충을 위해 국내외 벤처 캐피털 대상 투자 유치 설명회 개최
⑤ 추가 투입될 기술개발 및 마케팅 지원비는 정부 지원사업 유치를 통해 추진

■ 사업 연속 및 확대

① 스타 기업 육성에 의한 환수이익의 재투자로 인한 사업의 지속적 추진
- 사업 지원으로 발생하는 매출액의 약 1%를 성과기여금으로 확보하여 지속적인 재투자 및 추가 스타 기업 발굴/육성
- 환수이익의 일부를 스타 기업의 지속적 관리와 네트워크 구축에 활용, 사업결과에 대한 이익이 피드백 됨으로써 계속적인 사업수행이 가능할 수 있도록 선순환체제 구축

② 대전시 전략산업 육성사업과 연계를 통한 상호 연계전략 구축
③ 대덕밸리지원기관협의회 지원 프로그램의 활성화를 통해 지속적인 지원 및 스타 기업 발굴/육성추진

(4) 추진조직

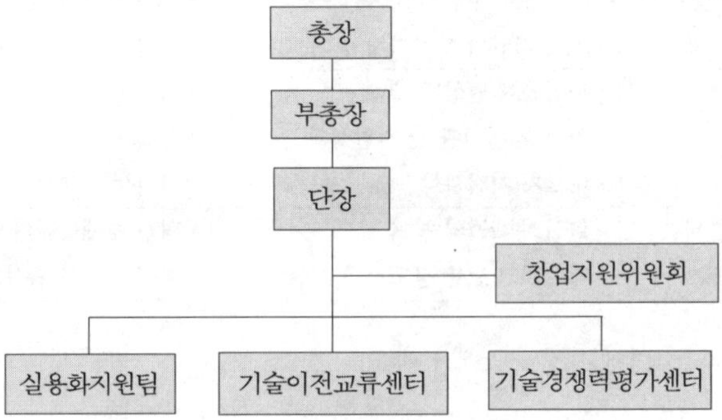

✚ 협력 기관

- 한국전자통신연구원 기술평가센터
- 중소기업진흥공단 대전충남지역본부
- (재)대전광역시첨단산업진흥재단 S/W사업단

3) 최종결과의 자체성과지표 및 평가방법

(1) 자체성과지표

① 세계 시장을 선도할 수 있는 스타 벤처 기업 창출

② 연 매출액 300억 원 규모의 가시적인 성과 도출

• 선정된 기업분야에 따라 목표 매출액 변동

(2) 자체성과지표 평가방법

① 기업 지원 프로그램 개발, 예비 스타 기업 선발, 예비 스타 기업 지원 프로그램 운영을 통해 세계 시장에서 선도적 시장지위 달성

성과지표	중점 평가항목		비고
	정량적 평가항목	질적 수준 평가항목	
전략산업을 선도할 기업 육성	• 사업종료 시점에 300% 매출액 달성 • 스타 기업의 부가가치 증대	• 제품, 기술경쟁력, 마케팅 능력 경영능력 수준	
연계 프로세스 및 성과	• 사업목표 달성도 • 참여/지원기관 간 지원성과 • 수요자 지적사항	• 합목적성 • 만족도 • 사업성과 개선도	
혁신 주체간 네트워크 구축	• 혁신 주체들의 참여 정도 • 네트워크 교류 정도	• 혁신 주체들간의 연계성 • 혁신 주체간 활성화 정도	

4) 연도별 추진일정

• 스타 기업의 육성 지원 프로그램 개발 및 실행

사업 구분	세부추진내용	1차년도 (2004. 9～2005. 8)	2차년도 (2005. 9～2006. 8)	3차년도 (2006. 9～2007. 8)
스타 기업 육성	• 선정 및 운영위원회 구성	━		
	• 전략산업선정 및 산업육성계획 수립	━		
	• 사업 홍보	━	━	
	• 스타 벤처 기업 선정	━	━(추가)	
	• 스타 기업 육성	━	━	━
	• 기술개발 지원 (상용화 테스트 포함)	━	━	━
	• 국내외 전시회 참가	━	━	━
	• 클러스터 구축/운영	━	━	━
	• 국내외 투자 유치	━	━	━

2. 당해연도 사업추진내용

1) 당해연도 사업목표 및 내용

세부사업	사업목표	결과물 (정량적 목표)
예비 스타 기업 발굴 및 선정	• 대전 지역 전략산업에 맞는 예비 스타 기업 선정기준 확정 및 선정/운영위원회 구성 • 대전 지역 전략산업 육성을 위한 스타 기업 육성 프로그램 개발 및 실행 • 지역혁신과 전략산업을 선도할 수 있는 1~2개의 우수 예비 스타 기업 발굴 및 선정 (선정기업의 조기 성공, 중도탈락, 추가 우수기업 발굴시 추가 선정 지원)	• 육성 프로그램 개발 • 예비 스타 기업 선정
기술개발지원	• 선정기업에 대한 수요 조사 및 기술현황 분석 • 선정기업의 필요 기술개발, 제품향상을 위한 디자인, 부품 소재 등에 대한 기술개발 지원 • 국내 · 외 전문가의 현장지도를 통한 기술지도	• 선정기업의 기술 현황에 대한 분석 보고서 작성
마케팅	• 선정기업의 국내외 시장 분석 • 해외 진출을 위한 진출 대상국 선정 등 전략 수립 • 선정기업의 수요조사를 통해 필요한 인력 양성 프로그램 운영 • 선정기업을 대덕밸리기업지원협의회 소속 회원사로 참여시켜 정보 교류 활성화 • 선정기업을 중심으로 한 클러스터 구축 및 운영	• 분석 보고서 작성 • 양성 프로그램 운영 • 클러스터 정기 모임 개최

(1) 예비 스타 기업 발굴 및 선정

사업내용	정량적 목표
• 대전시 전략산업 육성을 위한 스타 기업 육성 프로그램 개발 및 실행 - 선정 및 운영위원회 구성 • 선정/운영위원회 구성을 통해 기업 선정 툴(tool) 개발 및 육성사업 세부 추진 계획 수립 • 1차년도에는 첨단분야 1~2개의 예비 스타 기업 발굴 및 선정 (선정기업의 조기 성공, 중도탈락, 추가 우수기업 발굴시 추가 선정 지원)	육성 프로그램 개발 / 첨단분야 스타 기업 선정

(2) 스타 기업 육성을 위한 기술개발지원

사업내용	정량적 목표
• 선정된 예비 스타 기업에 대한 수요조사 및 기술현황 분석 • 선정 기업에서 요구하는 분야의 기술개발 • 제품 향상을 위한 디자인, 부품소재 등에 대한 기술개발 지원 • 기업 컨설팅을 통해 CEO 등 임직원 대상 경영 혁신 관련 프로그램 운영 - KAIST 기술/경영 프로그램 참가 및 전문가 초청 현장 지도 실시	1차년도 기술개발 지원 결과 달성 / 전문적인 경영 프로그램 운영

(3)스타 기업 육성을 위한 마케팅(기업 지원)

사업내용	정량적 목표
• 선정 기업의 국내외 시장 사전 조사 • 해외 진출을 위한 진출 대상국 선정 등 전략 수립 • 2004년 11월 개최 예정인 벤처 박람회(산자부 주관) 등 국내 주요 전시회 참가 • artner Event 등 지명도 높은 국제 기술전시회 참가를 통한 기술/제품, 홍보 및 네트워크 구축 • 선정된 예비 스타 기업을 대덕밸리기업지원협의회 회원사로 참여시켜 정보 교류 촉진 • 선정 기업을 중심으로 한 클러스터 구축(1차년도부터 점진적 구축)	전문가집단을 통한 국내외 시장조사 및 분석 / 역량 있는 국제 프로그램 참가 / 효율적인 클러스터 구축 및 운영

2) 월별 사업추진 일정

추진내용	2004				2005					
	9	10	11	12	1	2	3	4	5	6
예비 스타 기업 육성 프로그램 개발 및 실행	—	—	—	—	—	—	—	—	—	—
스타 기업 발굴	—	—	—							
경영혁신 지원				—	—	—	—	—	—	—
기술 지원 및 인력 양성				—	—	—	—	—	—	—
홍보 및 네트워킹		—	—	—	—	—	—	—	—	—

변용환

한림대학교 경영학과 교수
고려대학교 경영학 박사
강원도 민원개선 및 규제개혁협의회 위원장
앨라배마 주립대학교 교환교수
주요 연구: "기술도입의 성공요인", "경쟁전략의 본질", "국세행정의 평가요인"

김중화

한국외국어대학교 경영학과 교수
네브래스카대학 경영학 박사
애니데이터넷(주) 전략재무담당 이사
주요 연구: "네트워크와 환경변화에 따른 전략적 동맹관계", "전략적 제휴의 수명에 관한 이론적 연구"